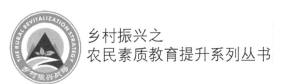

乡村振兴之
农民素质教育提升系列丛书

U0348389

植保无人机
培训教材

孙艳华　张玉国　赵利三　主编

中国农业科学技术出版社

图书在版编目（CIP）数据

植保无人机培训教材／孙艳华，张玉国，赵利三主编. —北京：中国农业科学技术出版社，2020. 8

（乡村振兴之农民素质教育提升系列丛书）

ISBN 978-7-5116-4892-1

Ⅰ.①植…　Ⅱ.①孙…②张…③赵…　Ⅲ.①无人驾驶飞机-应用-农药施用-技术培训-教材　Ⅳ.①S48②V279

中国版本图书馆 CIP 数据核字（2020）第 132992 号

责任编辑	姚　欢
责任校对	马广洋

出 版 者	中国农业科学技术出版社
	北京市中关村南大街 12 号　邮编：100081
电　　话	（010）82106636（编辑室）　（010）82109702（发行部）
	（010）82109709（读者服务部）
传　　真	（010）82106631
网　　址	http://www.castp.cn
经 销 者	各地新华书店
印 刷 者	北京建宏印刷有限公司
开　　本	850 mm×1 168 mm　1/32
印　　张	3. 75
字　　数	100 千字
版　　次	2020 年 8 月第 1 版　2020 年 8 月第 1 次印刷
定　　价	26. 00 元

《植保无人机培训教材》
编　委　会

前　　言

近年来，我国植保无人机发展迅猛。植保无人机用于低空低量施药作业，与传统人力背负喷雾作业相比，具有作业效率高、劳动强度小的优势；与有人驾驶大型航空飞机施药相比，成本大大降低，并能够满足高效农业经济发展的需求，特别适宜作业于大面积种植的水稻、玉米和丘陵地区种植的农作物等，能有效解决地面机械难以开展农药喷雾作业的难题。

为推动我国植保无人机行业的健康发展，解决植保无人机技术人才紧缺现状，全国各地纷纷组织了植保无人机培训。为满足植保无人机培训需求，特编写本书。全书分为六章，包括植保无人机概述、植保无人机施药技术、植保无人机飞行前准备、植保无人机飞行操作、植保无人机检查与维护、植保无人机购置与飞防服务等内容。

本书可作为各类农机社会服务组织培训教材，也可供从事植保机械研究与使用的人员阅读参考。

由于编者水平有限，书中内容难免存在不足之处，欢迎广大读者提出宝贵意见。

编　者
2020 年 7 月

目　　录

第一章　植保无人机概述

第一节　植保无人机的发展历程

一、植保无人机国外发展概况

1911 年，德国林务官阿尔福莱德·齐梅尔曼首次利用有人驾驶飞机喷洒液体和粉末农药，以防治森林病虫害。1918 年，美国第一次使用有人驾驶飞机喷施农药灭杀棉花害虫。从此，有人驾驶的航空施药拉开了历史序幕。

从全球来看，航空施药装备与技术的发展得益于高效农药的创制生产、应用与发展，20 世纪 40 年代中期以来，农药进入有机合成高速发展的时代。大量有机合成品种，如雨后春笋般出现，它们具有类型多、药效高、对作物安全、应用范围宽等特点。这个时期可以分为前期（20 世纪 40 年代中期至 60 年代末期）和当代（20 世纪 60 年代末期至今）两个发展阶段。有机合成农药前期，有机氯、有机磷和氨基甲酸酯三类神经毒剂先后被开发出来并形成系列产品；保护性杀菌剂的应用，使玉米、大豆、水稻、小麦等大田作物的部分病害有药可治。这个阶段，杀虫剂和杀菌剂占世界农药市场份额的近 70%。20 世纪 60 年代末期以后，有机农药向高效化方向发展，人们越来越重视农药对生态环境的影响与农药残留导致的农产品安全问题，并强化对农药的全程管理。这一时期，除草剂出现了多种活性高、对作物有选择性，但高毒、高残留的品种，采用航空施药，农药雾滴细小极易造成飘移，从而污染非靶标作物及水源、土壤。20世纪60—70年代，农业发达的欧洲国家逐步形成大型农场专业化生产方式，建立了以大型地面机械和有人驾驶的航空机为主体的植保防治体系。至20世纪80年代中后期，由于大型有人驾驶的航空机施药导致农药雾滴飘失引起的环境污染和农药药害问题，欧洲共同体（简称欧共体）决定禁止在欧共体成员国内部航空施药，只允许地面机械必须遵守非常严格的欧盟标准进行农药喷洒作业。

而在美国，超大规模经营农场的规模化种植和同种作物大区连片种植的种植方式，决定了有人驾驶的农业航空领域主要使用作业效率较高的大型固定翼飞机和载人直升机。美国是农业航空应用技术最成熟的国家之一，已形成较完善的农业航空产业体系、政策法规以及大规模的运行模式。但美国政府也一直担忧植保无人机施药产生的农药飘失污染，故尚未立法允许无人机从事农药喷洒作业。据统计，美国农业航空对农业的直接贡献率达15%以上，年处理全美40%以上的耕地面积；全美65%的化学农药采用飞机作业完成喷洒，其中水稻施药作业100%采用航空作业业方式。

在亚洲，日本农民户均耕地面积较小，地形多山，不适合有人驾驶固定翼大飞机作业，因此日本农业航空以直升机为主。日本是最早将小型单旋翼直升无人机用于农业生产的国家之一。至今，小型植保无人机在日本经历了40余年的发展历史。20世纪70年代开始，日本经济腾飞，适龄劳动力大多进城寻找工作，农村劳动力极度匮乏，因此在引进美国军方无人靶机技术的基础上，日本雅马哈（YAMAHA）公司于1985年推出世界上第一架用于喷洒农药的植保无人机R50（图1-1）、挂载5L药箱。此后，单旋翼油动植保无人机在日本农林业领域的应用发展迅速。

与早期的植保无人机相比，日本无人机旋翼和发动机转速被大大减少和降低以适应农业植保作业的要求，植保无人机施药技术参数不断改进，施药雾滴分布均匀性（变异系数）降低到30%以下。从2005年开始，日本水稻生产中单旋翼植保无人机使用量已超过载人直升机。目前，采用小型单旋翼植保无人机进行农业施药已成为日本农业发展的重要趋势之一。

图1-1　日本雅马哈公司第一代R50型农用植保无人机

二、植保无人机中国发展概况

中国的农用航空始于20世纪50年代初，主要运用Y-5B（D）、Y-Ⅱ、蓝鹰AD200N、蜜蜂3型、海燕650B等固定翼有人驾驶机型。20世纪90年代开始运用超轻型飞机配套设计的3WQF型农药喷洒设备，可广泛用于水稻、小麦、棉花等大田农作物的病虫害防治，以及化学除草、草原灭蝗、森林害虫防治等。1995年由北京科源轻型飞机实业有限公司生产的蓝鹰AD200N型飞机主要用于农田、林带病虫害防治，以及卫生防疫及净化水源等，有效喷幅达 22~30m，作业速度 110km/h，单日每架次作业量可达万亩（1 亩≈0.067hm²，全书同），而施药量仅 0.10~0.25kg/亩，防效达 90% 以上。1999 年由中国林业科学研究院研制的 HU2-HW1 型超低容量喷洒设备及 NT100GPS 导航系统与海燕 650B 飞机配套技术，应用在广西壮族自治区武鸣林区防治病虫害，研究人员对此进行了相关试验研究。截至 2019 年，中国有农林用固定翼飞机 1 400 余架、直升机 60 余架、植保无人机 10 000 余架，使用固定翼飞机和直升机防治农林业病虫草害和施肥的面积达 200 多万 hm²。但和农用航空发达国家相比差距仍十分巨大：我国农用飞机拥有量仅占世界农用飞机总数的 0.13% 左右，农业航空作业面积占我国总耕地面积的 1.70%，喷洒设备性能较差。

在我国，自"十一五"期间国家高技术研究发展计划（简称 863 计划）"新型施药技术与农用药械"立项研发植保无人机至今已发展 10 余年，植保无人机与低空低量航空施药技术发展迅速。北京必威易创基科技有限公司（简称北京必威易公司）是我国首个应用植保无人机的农业服务公司，早在 2000 年，该公司就从日本陆续进口了 6 架 YAMAHA-R50 型植保无人机用于农药喷洒。2005 年 12 月，当日本雅马哈公司准备将第十架同类型飞机出口给北京必威易公司时，被名古屋海关扣押，日本政府以植保无人机可能被用于军事用途为由禁止雅马哈公司继续将植保无人机销售到中国。

近十几年来，由于植保无人机低空低量航空施药作业效率高、具有全地形作业能力和节水省药等独特优势，同时由于我国经济的高速发展造成农村劳动力的大量转移、农村劳动力不足等原因，植保无人机在我国迅猛发展。

2005—2006 年，中国农业大学、中国农业机械化科学研究院、农业部南京农业机械化研究所*等科研机构开始向科技部等国家相关部门提议立项进行植保无人机的研制工作。经过前期准备和申报工作,2008年由农业部南京农业机械化研究所、中国农业大学、中国农业机械化科学研究院、南京林业大学等单位共同承担的科技部国家863计划项目"水田超低空低量施药技术研究与装备创制"正式启动,这一项目的启动,标志着国内科研机构正式开始探索植保无人机航空施药技术与装备研发。该项目研制出Z-3飞行平台的油动单旋翼植保无人机,装配10L药箱,搭载2个超低量离心雾化喷头(图1-2)。

图1-2 基于Z-3飞行平台的油动单旋翼植保无人机

2008年,中国农业大学药械与施药技术研究中心与山东卫士植保机械有限公司(简称山东卫士)、临沂风云航空科技有限公司(简称风云科技)开始合作,进行低空低量遥控多旋翼施药无人机的研发工作,于2010年研制出国内也是世界上第一款

---

* 2018年更名为农业农村部南京农业机械化研究所。

多旋翼电动植保无人机，包括搭载 10L 药箱的 8 旋翼机和搭载 15L 药箱的 18 旋翼机两种机型（图 1-3），装配专为多旋翼植保无人机研发的变量离心喷头，此后几年里这种机型在全国 10 多个省区市进行了示范作业并得到了推广。2013 年，山东省科技厅组织的由罗锡文院士作为主任的鉴定委员会对该项目的鉴定结论为"项目取得了多项创新，在低空低量遥控多旋翼无人施药技术方面，该项目综合性能达到国际先进水平。"同年，该"低空低量遥控多旋翼无人施药机"获得山东省科学技术进步奖二等奖。

图 1-3　3WSZ-15 型 18 旋翼植保无人机

2010 年，中国农业大学药械与施药技术研究中心与珠海银通公司开始合作，进行低空低量遥控电动单旋翼植保无人机的研发，于 2012 年研制出国内第一款电动单旋翼植保无人机，可搭载 10L 药箱，装备 4 个扇形喷头，是国内首款电动单旋翼无人机机型（图 1-4）。

图1-4　CAU-3WZN10型电动单旋翼植保无人机

我国油动单旋翼植保无人机的民间开发可能较国家863计划更早。2010年无锡汉和航空技术有限公司（简称无锡汉和）生产的3CD-10型单旋翼油动植保无人机（图1-5）首次在郑州召

图1-5　3CD-10型单旋翼油动植保无人机

开的全国农机博览会上亮相，这是国内首款在市场上销售的油动单旋翼植保无人机，开启了中国植保无人机的商业化。2011年，无锡汉和植保无人机再次亮相北京国际现代农业博览会，引起了强烈反响。

截至2012年，我国植保无人机按结构主要分为单旋翼和多旋翼两种，按动力系统可以分为电池动力与燃油发动机动力两种，种类达10多种，一般空机质量为10~50kg，作业高度为1.5~5m，作业速度小于8m/s。以电池为动力的电动植保无人机的核心是电机，操作灵活，起降迅速，单次飞行时间一般为10~15min。以燃油发动机为动力系统的油动植保无人机的核心是发动机，结构相对复杂，机身重，需要一定的起降时间，单次飞行时间可超过1h（取决于油箱大小），维护较复杂。单旋翼无人机（电动与油动）药箱载荷多为5~20L，部分油动机型载荷可达30L以上。多旋翼无人机多以电池为动力，较单旋翼无人机药箱载荷少，多为5~10L，具有结构简单、维护方便、飞行稳定等特点，喷雾作业效率高达1~2亩/min。

2012年植保无人机的应用、推广在我国拉开序幕。2012年4月，全国首场低空航空施药技术现场观摩暨研讨会在北京市小汤山某空军飞行俱乐部召开，由中国农业大学药械与施药技术研究中心、中国农业科学院植物保护研究所与全国农业技术推广服务中心联合主办，广西田园公司协办；参会的油动和电动、单旋翼和多旋翼等多种类植保无人机共12种，还有有人驾驶的3款动力伞植保飞行器亮相现场观摩会；参会的植保无人机公司有北京天途、无锡汉和、山东卫士、广西天途、北京圣明瑞等共15家公司，参会的还有来自黑龙江省农业局、黑龙江省农垦总局，以及湖南、湖北、辽宁、宁夏与广西的植保站与部分省市植保站药械科的相关人员共80余人。以此为起点，低空低量航空施药技术研究在我国逐渐成为热点。

根据发展需要，2012—2013 年，农业部国际合作司发起、组织了为期两年的中日韩植保无人机国际合作研究项目"植保无人机水稻低空施药技术研究"。中国农业大学药械与施药技术研究中心为项目的中方主持方，负责项目实施。中日韩三方研究人员在项目执行期内的不同时期，在 3 个国家分别进行了大量的人员交流和植保无人机施药田间试验，三方所有参与成员共享无人机施药技术研究成果和信息，撰写了题为《中日韩水稻田间高效植保机械应用研究》的项目总结报告。

至此，植保无人机施药技术在中国已呈渐起之势，无人机施药到底能不能用、管不管用是管理部门、研究人员、生产厂家和农民都密切关心的问题。为了评估植保无人机的工作性能和作业效果，受农业部委托，2013 年 1 月，中国农业大学药械与施药技术研究中心与华南农业大学团队在海南水稻种植区展开合作。中国农业大学团队负责对 13 种国产植保无人机进行田间施药沉积特性及施药效果测试，华南农业大学团队负责植保无人机空间流场测试。测试结果表明参试的所有国产无人机喷雾作业均对水稻病虫害有明显的防治效果。以此试验结果为基础，测试团队向农业部种植业司及农机化司提交了总结报告，农业部据此从 2013 年起在全国范围内推广植保无人机低空低量航空施药技术。2013 年 9 月由中国工程院院士、华南农业大学教授罗锡文任理事长的农用航空产业技术创新战略联盟在黑龙江省佳木斯市正式成立。在成立大会上，罗锡文理事长安排起草了《关于建议大力促进植保无人机和农业航空发展的报告》，并提交给国务院有关部门，建议国家大力推动农业航空事业的发展。2014 年 7 月 18 日，在中国农业大学药械与施药技术研究中心会议室，由罗锡文院士主持，赵春江院士、何勇教授、薛新宇研究员、袁会珠研究员等 10 多位国内专家共同参加了植保无人机和农业航空发展研讨会，讨论了由中国农业大学何雄奎教授起草的《大力促进植保无人机和农业航空发展的报告》,此报告经 5 次修订后上呈国务院,得到时任副总理汪洋的批示;农业部根据汪洋副总理的批示,安排于 2015 年在湖南与河南两省开始首次试点、补贴植保无人机,自此植保无人机步入了快速发展的轨道。

2015 年 11 月,深圳市大疆创新科技有限公司(简称深圳大疆)在北京推出 MG-1 型电动多旋翼植保无人机,正式进军农用无人机领域。到 2015 年年底,全国植保无人机生产厂商已达 100 余家。2016 年 5 月 28 日,国家航空植保科技创新联盟在河南省安阳市成立,安阳全丰航空植保科技有限公司(简称安阳全丰)为理事长单位,华南农业大学为常务副理事长单位,中国农业大学与中国农业科学院等其他 7 家单位为副理事长单位,共同助推植保无人机产业发展。2016 年,江西省地方标准 DB 36/T 930—2016《植保无人机》出台,这是我国第一个关于植保无人机的地方标准。2016 年 8 月,由中国农业电影电视协会和中国农业大学联合主办的首届中国无人机与机器人应用大赛在江苏省苏州市正式启动。同年 10 月,在江西南昌举办了大赛初赛——农业植保无人机应用赛,对 23 个参赛队伍植保无人机的飞行稳定性、喷雾质量等性能进行了考核。2017 年 9 月,大赛决赛在湖北省武穴市正式开赛,来自国内 18 家知名品牌的植保无人机企业和服务队参赛,全方位展示产品成果和飞防技术(植保无人机防治病虫草害技术),决出了全国植保机械 10 强。

据农业部相关部门统计,截至 2016 年 5 月,全国在用的农用无人机共 178 种,生产厂家 300 余家,可挂载 5~20L 的药箱,有效喷幅 5~20m,适用于不同的施药条件,喷雾作业效率高达 2.5~6hm^2/h,能有效、及时防治水稻病虫草害。截至 2017 年年底,据不完全统计,我国各类植保无人机共有 233 种,生产厂家 300 多家,目前,市面常见的飞行器类型详见图 1-6。

图 1-6　植保无人机飞行器常见类型

全国植保无人机装机量达到近 14 000 架，已经在包括水稻、小麦、玉米、甘蔗、果树、棉花等多种作物上进行了病虫害防治作业，实际效果证明已经能够达到实用水平，并正处于迅速发展阶段。

目前，我国研发了多种适合于不同地区小农户的植保无人机，不仅人机分离、人药分离、高效安全，还能实现生长期全程植保机械化喷雾作业。

从喷洒效果上看，植保无人机喷施作业具有以下优势：具有直升机的高效作业性能和良好喷洒效果；植保无人机速度变化灵活，可以从零直接提升到正常速度，低速条件下作业有较好的雾滴覆盖效果，特别是旋翼产生的下旋气流，可减少雾粒飘散，同时由下旋气流产生的上升气流可使农药雾滴直接沉积到植物叶片的正反面；植保无人机的空中悬停功能使其具有单株喷洒能力。

从成本和安全性上看，植保无人机喷施作业具有以下优势：植保无人机的整体使用费用相对较低，虽然购机费用较高，但不用建设机场，与有人机相比性价比较高；植保无人机的安全系数较高，特别是旋翼机，在发动机失效时，利用旋翼的自转性，通过驾驶员正确的操作，其迫降着陆速度可接近于零，另外植保无人机能通过飞控系统增强了飞行安全性和可预见性。

目前，我国通用轻小型农用植保无人机主要有以下几种：Z-3、大疆 MG-1、安阳全丰 3WQF120-12 型、无锡汉和水星一号、广西田园 3XY8D 型、天鹰-3，以及中国农业大学研发的单旋翼 CAU-3WZN10A 与多旋翼 3WSZ-15 等。

三、机遇与挑战

植保无人机及其施药技术在我国取得了长足的进步。随着经济的发展，中国与亚洲其他很多国家（如日本）一样都面临着人口老龄化和劳动年龄人口缩减的严峻形势，农业劳动力短缺的趋势未来会愈发明显，同时一家一户的小规模生产模式将长期存在。因此，为了保障我国农业的稳定和可持续发展，加快实现农业机械化，特别是提升山区与水田的全程机械化作业水平已经成为中国国家层面的发展战略，植保无人机低空低量高效航空施药技术取代人力背负手动喷雾作业符合当前中国农业现代化发展的要求，提升了中国植保机械化水平。但在农用植保无人机快速且迅猛发展的过程中，既充满机遇又充满挑战，主要表现在以下几个方面。

①使用植保无人机进行农药喷洒作业相对于传统人工施药方式作业效率优势明显。在中国植保无人机低空低量施药已应用在玉米、水稻、小麦等作物上以及丘陵地带，植保无人机独特的优势还在于易于部署和使用，特别是适用于在小地块、复杂地形等人工或与拖拉机配挂的地面大型植保机具难以进地作业的丘陵、山地、水田等区域。在中国大部分小地块农田的植保作业中，无人机载荷量和电池连续使用时长的局限性并不是无人机施药的主要障碍，在植保无人机的市场上占有率高的是那些施药更加均匀、作业可靠且续航时间长、坚固耐用的无人机。

②考虑到植保无人机及其施药技术的新颖性和复杂性，植保无人机解决了高效作业的效率问题，但施药的均匀性对植保无人机来讲是一个很大的挑战。应把植保无人机均匀施药技术的研发应放在首要地位。低空低量无人机施药与传统的有人驾驶航空施

药和地面机具施药不同，气象条件对它的影响十分明显，对实现均匀施药的各种施药参数有必要进行进一步研究。中国目前缺乏适用于低空低量无人机航空施药的施药技术，也没有针对植保无人机专用的专业喷雾系统，急需通过合适喷头的研发与选择、喷头与喷雾流场的匹配、药箱的设计、加药系统等的系统化的研发来优化雾化与雾滴沉积状态。截至 2019 年年底，仍没有科学、合理的行业标准规范针对植保无人机的生产与应用市场，亟待专业的标准与规范为不同天气和地面条件下无人机植保作业合理施药参数的确定提供可靠的指导。

③在无人机施药技术喷雾质量、防治效果和安全性评估方面，先进技术研发与应用会在相当程度上对无人机发展的进程产生影响。农药在作物冠层中的穿透性、雾滴沉积量、覆盖率和雾滴飘移控制是在评价无人机施药效率和防治效果时需要优先考虑的。载波相位差分技术（Real-Time Kinematic，RTK）仅精确了飞行轨迹，但无法精准作业喷幅、避免重喷与漏喷，为了航线规划和自主飞行更稳定、更精准，亟待研发先进的新型飞控系统、传感系统、软件平台。另外，仍须充分研究小型单旋翼及多旋翼植保无人机雾滴沉积与空气动力学，以及其与温度、湿度、风速等外界环境因素相互作用的基础理论，为针对植保作业的专用无人机及关键工作部件的设计提供理论指导，否则喷雾飘移造成环境污染和非靶标区域外飘失雾滴的沉积会导致相邻作物严重的药害以及对施药人员健康的影响。尤其是喷洒除草剂、生长调节剂这样的敏感药剂时，距离作物冠层表面喷雾高度在 1m 以上很容易造成农药的大量飘移，因此减少施药区域外附近敏感作物的药害是一个很大的挑战。基于田间测试的可飘移雾滴风险评估和减飘技术的运用是未来无人机施药技术发展过程中需要考虑的重要方面。

④植保无人机的市场化规模运营、植保无人机施药技术的商

业化需要政府、研究机构、企业及用户等各利益相关方的共同参与和合作。专业化组织可以提供收费合理的无人机病虫害防治综合服务，意味着将复杂的无人机植保技术带到农民身边变得切实可行，可以使农民逐渐接受这种农作物病虫草害防治技术。例如，可以通过政府直接购买当地农业合作社或植保服务公司的无人机航空植保作业服务，向农业生产者提供农作物病虫草害的全程快速防治专业服务。这些专业化组织将会在农药供销与植保作业全程扮演关键角色，还可以负责提供无人机操控手培训，进行植保作业、机具维修、保险、产品运送和交付。专业化飞防组织还拥有飞防作业累积的经验和能力，开发专业化的病虫害防治体系，可以应对复杂的或大规模的暴发性病虫害防治。采用基于服务的商业模式有助于农药销售并促进植保无人机施药的推广应用。在这项新技术的推广阶段，对价格格外注重的种植户往往会抱有观望态度。政府推出的针对植保服务的采购和刺激计划，将会对农民对无人机植保作业的参与热情产生积极影响。政府的采购和支持将会促进专业化植保组织和无人机生产厂商进行更多的合作以及加大对植保服务领域投入。但是截至目前，仍未见发布采购无人机植保服务的相关计划、技术标准与作业规范，也没有对专业化病虫害防治组织的构建提供足够的资金支持。

⑤植保无人机的发展有助于推动低空低量航空喷洒农药新剂型的研发以及传统农药产品标签的改进。无人机植保作业，既是无人机与植保作业技术，又是农药与剂型的专业工程技术。懂得无人机及其操控、植物病虫草害的防治技术是关键，同时也要明确农药剂型是影响农药实际使用效果非常重要的因素，不但能改善雾滴雾化过程、减少雾滴飘失，而且可以提升农药雾滴在靶标作物表面的持留量等。植保无人机施药专用商品化农药制剂迄今尚在研发阶段，适用于无人机低空低量农药喷洒的制剂会提升农药分布均匀度，降低雾滴飘失潜力。另外，用于低空低量无人机

施药的农药包装上必须标明监管部门的授权许可标志，但当前的农药产品包装上并没有针对无人机航空施药的强制说明和推荐使用剂量。未来需要对农药产品标签进行改进或在包装中提供额外的专用航空施药说明书，产品包装上也要标明针对无人机喷雾作业的建议使用剂型和施药液量。

第二节　植保无人机的系统组成

植保无人机组由飞行器、飞控系统、喷雾系统和地面操作人员等组成，与农药及施药技术共同形成一个完整的农药高效应用系统。本节主要介绍飞行器、飞控系统、喷雾系统。

一、飞行器

飞行器按旋翼可分为单旋翼（单轴，即单轴直升机）与多旋翼（多轴）两种，目前我国多旋翼植保无人机已形成系列，包括4旋翼、6旋翼、8旋翼、18旋翼、24旋翼等多种类型。

飞行器按动力可分为油动与电动两种。从2008年开始，我国植保无人机市场上以油动单旋翼直升机为主，油动单旋翼植保无人机市场占有率高达95%以上。至2012年，植保无人机市场上的机型发生了根本性的变化，各类电动多旋翼植保无人机市场占有率高达98%以上。

二、飞控系统

无人机飞行控制通常采用分层控制，包括姿态控制、航向控制、速度控制和位置控制。为了高效地完成植保任务，植保无人机的控制模式分为自动起飞、自动降落、自动返航、半自主作业和全自主作业等模式。遥控系统分为地面遥控器（图1-7）和机载接收机。

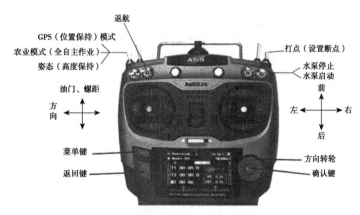

图 1-7　天翼合创抗摔型 TY5A Plus 植保无人机地面
遥控器及功能开关

三、喷雾系统

植保无人机的喷雾系统主要由药箱、雾化装置、液泵及其附件（稳压调压装置）等部分组成（图 1-8）。药液在液泵的压力作用下从药箱通过管路到达喷头，在喷头处经液力式喷头或离心式喷头雾化后喷洒到靶标作物上。当前，我国植保无人机上喷雾系统的泵、雾化喷头等部件大多采用传统的地面机具喷雾装备，由于缺乏地面喷雾机械必配的稳压调压装置，无法实现稳压调压。同时，为了确保无人机飞行安全、降低能耗以及提升效率等，无人机生产厂商都希望把飞机上除药箱以外的其他部件载荷设计得越轻越好。在这种情况下，作为植保机械喷雾系统中的一些必需部件，如稳压与调压装置、回流与搅拌装置等在植保无人机上均被省去，因此这种喷雾系统很容易出现工作性能不稳定、因喷雾压力不稳定喷出的农药量时多时少、关键部件寿命缩短，以及喷洒出的雾滴不断变化如雾滴谱极宽、沉积分布不均匀等严重影响施药质量与防效的问题，导致无人机作业效率下降、成本上升、防治效果不佳以及对非靶标区域产生药害等不良后果。

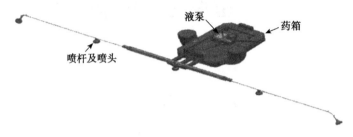

图1-8 植保无人机喷雾系统主要组成

综上所述，考虑到植保无人机这一新兴行业的快速发展，深入研究植保无人机低空低量施药技术的迫切性不容忽视，更好地认知新兴的无人机施药技术有助于优化无人机设计、推广与应用，促进农药的高效、安全使用，为中国农用植保无人机市场的健康、有序发展作出贡献。

第二章 植保无人机施药技术

第一节 植保无人机施药概述

一、植保无人机施药的技术特点

1. 超低量喷雾

植保无人机施药具有超低量喷雾，每亩喷液量一般在 0.5~1L，药液浓度高，而且一般用两种以上不同农药制剂同时配制。

2. 穿透性较强

穿透性较强，旋翼旋转时产生风场，药液对植被穿透性好。

3. 作业高度高

作业高度高，一般为 1.5~8m。

4. 受外界环境影响

气象因素（温度、湿度、风速、风向等）影响较大，容易造成雾滴的飘失和蒸发。另外，飞机类型、喷嘴类型、药液性质、操作方式（喷液压力、飞行速度、飞手熟练程度、重喷、漏喷等）等都会对最后的防效及周围环境产生影响。

二、植保无人机施药和常规喷雾的区别

植保无人机施药和常规喷雾在喷液量及作业高度等方面有很大的区别，以氯虫苯甲酰胺 200g/L 悬浮剂为例，对药液量、稀释倍数、作业高度、飘移距离进行对比（表 2-1）。

表 2-1 植保无人机施药与常规喷雾的区别

喷雾方式	亩喷洒药液量/L	稀释倍数	作业高度/m	飘移距离
常规喷雾	30~50	1 500~5 000	≤0.3	与喷头类型、作业高度、风速、温度、药剂性质等有关
植保无人机施药	0.5~1.0	15~100	1.5~8	

三、植保无人机喷药的优势

以前农作物病虫害的防治都是采用传统人工喷药技术来进行的,但是这种传统喷药技术不仅不安全,而且效率非常低下,早已不能满足行业发展的现状,而植保无人机的出现大大解决了这一难题。那么植保无人机和传统喷药技术的区别在哪呢?

1. 植保无人机喷药比传统喷药技术更安全

植保无人机可用于低空农情监测、植保、作物制种辅助授粉等。植保中使用最多的是喷洒农药,携带摄像头的无人机可以多次飞行进行农田巡查,帮助农户更准确地了解粮食生长情况,从而更有针对性地喷洒农药,防治害虫或是清除杂草。其效率比人工打药快百倍,还能避免人工打药的中毒危险。

2. 植保无人机喷药比传统喷药技术作业效率更高

植保无人机旋翼产生向下的气流,扰动了作物叶片,药液更容易渗入,可以减少20%以上的农药用量,达到最佳喷药效果,理想的飞行高度低于 3m,飞行速度小于 10m/s。大大提高作业效率的同时,也更加有效地提高了防治效果。而传统的喷药技术速度慢、效率低,很容易发生故障,还可能导致农作物不能提早上市。

3. 植保无人机喷药比传统喷药技术更节省

无人机喷药服务一亩地的价格在 10 元左右,用时也仅仅只有 1min 左右,一个植保作业组包括 6 个人、1 辆轻卡和 1 辆面包

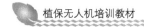

车、4 架多旋翼无人机，在 5~7d 时间内可施药作业 1 万亩。和以往的传统喷药技术雇人喷药相比，节约了成本、节省了人力和时间。

第二节　植保无人机施药的专用药剂

一、植保无人机施药对专用药剂的要求

针对植保无人机施药的技术特点，植保无人机施药对专用药剂有以下要求。

1. 安全高效

由于植保无人机施药的药液浓度大，不仅要求高浓度药剂对作物安全和高效，而且还需要考虑其毒性（急性毒性、亚急性毒性、慢性毒性）及环境安全性（对蜂、鸟、鱼、蚕、水生生物、家畜、天敌昆虫、蚯蚓、土壤微生物，暴露人群如生产工人、施药人员、附近居民，以及大气、水源、非靶植物的安全性），充分评估其施药安全性和风险，做好风险防范紧急预案。

2. 剂型合理

植保无人机施药液浓度高，需要选择能够高浓度稀释而不容易堵塞喷头的制剂，并且在一定时间内不发生分层、析出和沉淀。对于含有有机溶剂的制剂，则要求其低毒、密度较大。另外，对于 2 种以上不同制剂混合，要求其相容性要好，事先做好配伍性试验并在使用时进行二次稀释。如果使用过程中加入专用的植保无人机施药助剂，也有助于解决稀释问题。

3. 抗挥发和抗飘失

植保无人机施药有一定高度，在风的作用下，80~400μm 的雾滴容易飘失，不仅会造成防效低，而且会造成药害和污染，所以要求专用药剂具有抗挥发和飘失的性能。如果药剂抗飘失性能

差，可以加入专用的植保无人机施药助剂或设置不施药缓冲区。

4. 沉积性能好

植保无人机施药雾滴在植物表面是点状分布的，因此要求雾滴在植物表面黏附性能好，从而提高农药利用率。

二、植保无人机施药专用药剂及剂型

最早开发的适应于植保无人机施药的农药专用剂型是超低容量液剂，它是一种直接喷施到靶标而无须稀释的特制油剂，具有低黏度和高稳定性，适合于植保无人机施药成 60~100μm 的细小雾滴，均匀分布于作物茎叶表面，有效发挥防治病虫草害作用。超低容量液剂制备关键在于溶剂的选择，在选择溶剂时需要考虑溶解性、挥发性、药害、黏度、闪点、表面张力和密度等。一般选择使用闪点大于40℃、沸点在200℃以上的溶剂油，近年多用植物油或改性植物油。国内参与植保无人机施药的企业开发植保无人机施药专用超低容量液剂的热情较高。据中国农药信息网查询结果，截至 2018 年 10 月我国已取得登记的超低容量液剂见表2-2。

表2-2　我国已经取得登记的超低容量液剂

登记名称及有效含量	登记作物及防治对象	生产企业
甲氨基阿维菌素 1%	水稻稻纵卷叶螟	广西田园生化股份有限公司
嘧菌酯 5%	水稻纹枯病	广西田园生化股份有限公司
戊唑醇 3%	水稻稻曲病	广西田园生化股份有限公司
苯醚甲环唑 5%	水稻纹枯病	广西田园生化股份有限公司
烯啶虫胺 5%	水稻稻飞虱	广西田园生化股份有限公司
茚虫威 3%	水稻稻纵卷叶螟	广西田园生化股份有限公司
阿维菌素 1.5%	水稻稻纵卷叶螟/小麦红蜘蛛	广西田园生化股份有限公司
噻虫嗪 3%	小麦蚜虫	河南金田地农化有限责任公司
唑醚·戊唑醇 10%	小麦白粉病	河南金田地农化有限责任公司

由于市场上用于植保无人机施药的制剂较少，所以实际中大部分还是应用常规制剂，主要是粒径相对较小的制剂，比如悬浮剂、乳油、水乳剂和微乳剂等。若使用水分散粒剂和可湿性粉剂，则在制备过程中应尽可能地减少制剂粒径和使用能溶于水的填料。

目前，国内在植保无人机施药应用过的农药产品涵盖杀虫剂、杀螨剂、杀菌剂、除草剂以及植物生长调节剂等各类产品，如氯虫苯甲酰胺、溴氰虫酰胺、溴虫腈、氟啶虫胺腈、螺虫乙酯、螺螨酯、烯啶虫胺、吡虫啉、吡蚜酮、啶虫脒、虫酰肼、噻虫嗪、噻虫啉、阿维菌素、多杀菌素、苦参碱、白僵菌、绿僵菌、蝗虫微孢子虫、浏阳霉素、井冈霉素、吡唑醚菌酯、丙草胺、苄嘧磺隆、氰氟草酯、五氟磺草胺、双草醚和芸薹素内酯等，涉及剂型有水分散粒剂、悬浮剂、悬乳剂、水乳剂、微乳剂、可分散油悬浮剂和超低容量液剂等。另外，还使用氨基酸等肥料。

第三节　植保无人机施药助剂

植保无人机施药助剂又称为植保无人机施药辅助剂，是植保无人机施药专用药剂的加工和使用中除农药有效成分外的其他各种辅助物料的总称。虽然它是一类助剂，本身一般没有生物活性，却是在植保无人机施药制剂配方中或施药时不可缺少的添加物。每种植保无人机施药助剂都有特定的功能：有的能降低药液的表面张力；有的可减少细小雾滴的产生，减少飘移；有的能增加雾滴在靶标上的黏附与沉积；有的能提高润湿和展布性能；有的能溶解或渗透昆虫或植物叶片表面蜡质层；有的可促进药剂的吸收和传导；有的能提高药液的速效性；有的可提高农药的生物活性或应用效果，增加药效；有的可防止有效成分的分解；有的可增加施药的安全性；等等。总之，植保无人机施药助剂的功能，不外乎改善农药的物理和化学性能，最大限度地发挥药效或有助于植保无人机施药的安全性。

一、植保无人机施药助剂的分类

按照功能，植保无人机施药助剂一般分为两类：一类是促进药剂布展、渗透、吸收的助剂，市场上也普遍称之为植保无人机施药助剂；一类是提高药剂在植保无人机施药过程中快速沉降的助剂，也称为沉降剂。按照不同的分类方式，可将植保无人机施药助剂分为不同的类型，如按功能分，可将植保无人机施药助剂分为展着剂、抗飘移剂、蒸发抑制剂、黏附剂、渗透剂、增效剂、安全剂和吸收剂等。

1. 展着剂

展着剂主要是通过提高喷洒药液在植物茎叶和害虫、病原菌体表的湿润和展开能力，从而充分发挥药效的助剂。比如使用无人机在水稻上喷药的时候，因为水稻的叶片为疏水性表面，一般药液在叶片上表现出不浸润，会导致药液吸收受影响，最终影响药效，加入展着剂之后就可以提高药液在叶片上的展布，从而提高药效。

2. 抗飘移剂

抗飘移剂通过减少小雾滴的产生以及增加雾滴的沉降来减少雾滴飘移。植保无人机施药中细雾滴为最易飘移的部分，因此，从制剂药液、药械及喷施技术上减少细雾滴是十分必要的。雾滴在运行传递过程中，可挥发组分的蒸发是造成大量细雾滴的重要原因。抗飘移剂的主要作用就是减缓汽化、抑制蒸发、防止雾滴迅速变细而产生飘移，一般以高分子聚合物居多，国外助剂公司的抗飘移剂相对成熟。

3. 蒸发抑制剂

蒸发抑制剂能减少雾滴在运动过程中的蒸发，使更多的雾滴到达作物靶标。蒸发抑制剂能够减缓药液在喷施过程中和在叶面上的蒸发。植保无人机施药雾滴分散度高，形成的雾滴粒径小，一般为 50~100μm，易飘移，表面积很大，挥发率高，因此必须选用挥发性低的助剂。

4. 黏附剂

黏附剂是增加农药在植物叶片或者昆虫体壁等固体表面黏附性能的助剂。喷施到叶面上的药剂载体溶液蒸发后，只留下固体的活性物质颗粒，而这些固体的颗粒有被风吹、雨洗的可能。黏附剂是一些黏性的、不易蒸发的化合物，可以使药物颗粒被黏在叶面上，增加活性成分被叶片吸收的机会。黏附剂常常是聚合物。

5. 渗透剂

渗透剂是指促进药液的有效成分渗透或通过植物叶片或昆虫表皮进入内部的助剂种类。

6. 增效剂

增效剂本身是没有生物活性的，但可以通过抑制生物体内的解毒酶，提高农药的生物活性等来提高农药的药效。

7. 安全剂

安全剂通过生理生化过程，减少作物的药害产生情况。如在除草剂植保无人机施药时加入适量解草胺腈能大大降低药害风险。

8. 吸收剂

这一类助剂可以帮助活性成分穿透叶面的角质层、细胞壁、细胞膜而进入细胞内。它渗透性强，能使药物杀死组织内病原菌类或渗入昆虫体壁内杀灭害虫。如除草剂植保无人机施药中加入适量卵磷脂·维生素 E（安融乐）能加快死草速度及提高彻底性。

二、植保无人机施药助剂的作用机理

植保无人机施药属于超低容量喷雾，在低稀释倍数和高稀释倍数下会有很大差别，关键是如何让药剂在低稀释倍数下仍然保持高度分散。植保无人机施药多在开放空间如大田中进行，环境复杂。当风速大于 3 级、温度小于 37℃、湿度大于 50% 时，有利于植保无人机施药作业，反之很难保证植保无人机施药效果。开发植保无人机施药专用农药是一个长周期、高投入、高风险的工作，或许从植保无人机施药助剂上可以得到突破。其作用机理有如下几类。

①降低药剂产品稀释液的表面张力，提高喷头系统雾化效果。

②提高雾滴的沉降速率，使雾化的液滴迅速地从空中沉降至作物的叶面和标靶体表。

③提高雾滴的抗飘移能力，降低飞机下压气流带来的干扰，减少飘移带来的药害和利用率的下降。

④有效提高雾滴对叶面的附着力，改进雾滴的润湿和铺展能力，降低飞机下压气流对雾滴沉淀附着的干扰，有效提高雾滴在作物叶面或标靶害虫体表上的附着与黏附。

⑤有效提高标靶对药液的吸收，加快蜡质层溶解，促进药液吸收。

⑥在高温情况下具有良好的耐挥发能力，有效降低药液在叶面表面的蒸发；延长药物的作用时间，提高整体的药效和防控能力。

⑦有效提高耐雨水冲刷的能力，降低雨水对作物叶面有效成分的冲淋情况，提高活性成分在叶面的滞留时间，促进药物成分的进一步吸收。

三、植保无人机施药助剂的作用

植保无人机施药助剂由于配方组成的局限，或者不能添加太多抗蒸发、抗飘失成分，或者加入助剂过多造成配方体系不稳定。此时，添加植保无人机施药助剂能很好地解决这个问题，而且能降低农药的使用量。据报道，在不适宜作业条件下，在药液中加入1%的植物油型助剂，可减少20%～30%的用药量，获得稳定的药效。在植保无人机施药助剂上，主要为高分子聚合物、油类助剂、有机硅等。国内外大量研究和田间试验结果表明，添加合适的植保无人机施药助剂，能起到以下作用。

1. 影响雾滴大小

加入合适的植保无人机施药助剂后，药液的动态表面张力、黏度等性质发生变化，因此在相同的喷头和压力下，喷出的雾滴大小发生变化。一般来说，油类助剂能够适当增加雾滴粒径。

2. 抗飘失

加入植保无人机施药助剂能够改变雾滴粒径分布，减少飘失。据国外报道，在相同条件下，水的飘失量为21%，加入油类植保无人机施药助剂后飘失量变为13%。

3. 抗蒸发

试验表明，在相同条件下，25%嘧菌酯悬浮剂的蒸发速度为$4.28\mu L/(cm^2 \cdot s)$，而加入植物油型植保无人机施药助剂的蒸发速度为$3.95\mu L/(cm^2 \cdot s)$。

4. 促沉积

加入植保无人机施药助剂后，助剂能够帮助药液很好地在植物体表润湿、渗透，促进农药沉积。

四、植保无人机施药助剂的使用技术

植保无人机施药与人工喷雾相比具有喷液量小、雾滴细小、

喷速较快的特点。在如此大的变化之下，如果没有助剂的添加，在特殊气候条件下就可能出现施药效果不好的情况。添加植保无人机施药助剂具有减少药液蒸发、促进药液在标靶上的快速布展、提高药液渗透、提高药效的作用。使用植保无人机施药助剂有时会出现使用效果差或出现问题，主要有以下原因。

1. 助剂选择性问题

对于非离子表面活性剂、矿物油、液体肥型喷雾助剂，在干旱条件下效果受影响，所以在干旱条件下应避免选择这些助剂。在植保无人机施药助剂的选择上，建议选择具有多种功能的复合型助剂，不要将单一的有机硅用于植保无人机施药助剂。

2. 加入助剂量不够

高温干旱条件下，必须加入植物油型喷雾助剂量为喷液量的1%~2%，才能取得很好的效果。

3. 操作问题

植保无人机施药过程中，重喷、漏喷、悬停时未关闭喷头，都会对效果造成影响。

4. 气候问题

在气温为 13 ~ 27℃、空气相对湿度大于 65%、风速小于4m/s 时，施药较好。其他不适宜气候，尽量减少喷药。

五、植保无人机施药助剂的合理选择

合理选择植保无人机施药助剂可明显提高防治效果。市场上存在的助剂种类较多，如何正确选择植保无人机施药助剂是当前的一个重要问题。常规助剂不同于植保无人机施药助剂，在选择时一定要考虑以下几方面。

①从产品本身讲，要能针对性地解决植保无人机施药过程中的问题，因此产品需具备抗蒸发、抗飘移、促沉降、附着、促吸收等性能。

②在不同的省份、针对不同作物、在不同病虫害上做了大面积试验示范及应用，且增效作用显著，即植保无人机施药助剂通用性一定要强。

③得到全国农技推广部门的验证，农技推广部门在评价植保无人机施药助剂时涉及面广，测试性能指标多，说服力强。

④在助剂生产企业方面，尽量选择综合实力强的大企业。大企业在原料筛选、生产工艺以及配方评价方面相对严谨，后期的技术服务支持更加专业。

第四节　植保无人机配药与清洁

一、药剂配置流程

1. 配制前准备

①检查确认配药工具齐全（水桶、母液桶、汇总桶、搅拌棒、橡胶手套、护目镜、防毒面具等）。

②检查确认个人防护用具着装（身穿长衣长裤、手戴橡胶手套、口戴防毒面具、眼戴护目镜、头戴防护帽）。

2. 药剂配制

①根据药品配方中所含药剂剂型按照以下顺序进行配比（叶面肥、可湿性粉剂、水分散粒剂、悬浮剂、微乳剂、水乳剂、水剂、乳油）。

②所用使用药剂严格按照二次稀释法配制，在母液桶加少量清水，将药剂分别单独加入母液桶进行稀释溶解后装入汇总桶，搅拌均匀后在往汇总桶内加水至所需用量。

③回收药品包装，集中妥善处理，不随意丢弃。

④植保无人机飞行作业时，作业人员应站在上风口处。

⑤植保作业结束后，应及时用清水清洗喷洒系统。

3. 二次稀释

对农药进行二次稀释也称为两步配制法，是农药配制的方法之一。二次稀释法配制农药药液，是先用少量水将药液调成浓稠母液，然后再稀释到所需浓度，它比一次配药具有许多优点：能够保证药剂在水中分散均匀；有利于准确用药；可减少农药中毒的危险。

农药进行二次稀释的方法有以下 3 种。

①选用带有容量刻度的母液桶，将药放置于瓶内，注入适量的水，配成母液，再用量杯计量使用。

②先在母液内加少量的水，再加放少许的药液，充分摇匀，然后倒置汇总桶，再补足水混匀使用。

③若需要复配药剂时将所需要配的药剂在母液桶内分别稀释后倒入汇总桶，按照所需要的量进行定容。

注意：为了保证药液的稀释质量，配制母液的用水量应认真计算和仔细量取，不得随意多加或少用，否则都将直接影响防治效。

二、农药混用原则和注意事项

在植保无人机飞防作业过程中，为了减少用药次数，同时达到提高防治效果的目的，常常会遇到 2 种或 2 种以上的农药、叶面肥混配使用的情况。农药混用虽有很多好处，但不能随意乱混。

1. 农药混用原则

（1）不同毒杀机制的农药混用

作用机制不同的农药混用，可以提高防治效果，延缓病虫产生抗药性。

（2）不同毒杀作用的农药混用

杀虫剂有触杀、胃毒、熏蒸、内吸等作用方式，杀菌剂有保护、治疗、内吸等作用方式，如果将这些具有不同防治作用的药剂混用，可以互相补充，会产生很好的防治效果。

（3）作用于不同虫态的杀虫剂混用

作用于不同虫态的杀虫剂混用可以杀灭田间的各种虫态的害虫，杀虫彻底，从而提高防治效果。

（4）具有不同时效的农药混用

农药有的种类速效性防治效果好，但持效期短；有的速效性防效虽差，但作用时间长。这样的农药混用，不但施药后防效好，而且还可起到长期防治的作用。

（5）与增效剂混用

增效剂对病虫虽无直接毒杀作用，但与农药混用却能提高防治效果。

（6）作用于不同病虫害的农药混用

几种病虫害同时发生时，采用该种方法，可以减少喷药的次数，减少工作时间，从而提高功效。

2. 农药混用的注意事项

（1）不改变物理性状

即混合后不能出现浮油、絮结、沉淀或变色，也不能出现发热、产生气泡等现象。

（2）不同剂型之间

如可湿性粉剂、乳油、浓乳剂、胶悬剂、水溶剂等以水为介质的液剂则不宜任意混用。

（3）保证混配后对农作物不会产生药害

各有效成分对农作物没有药害，其混配之后也不能产生药害，这是农药应遵循的原则。如果混用后有效成分之间发生化学反应，可能产生对农作物有药害的物质。例如，石硫合剂与波尔多液混用，可产生有害的硫化铜和可溶性铜离子，所以不能将石硫合剂和波尔多液混用。

（4）具有交互抗性的农药不宜混用

如杀菌剂多菌灵、甲基硫菌灵具有交互抗性。混合用不但不能起到延缓病菌产生抗药性的作用，反而会加速抗药性的产生，所以不能混用。

（5）生物农药不能与杀菌剂混用

许多农药杀菌剂对生物农药具有杀伤力，因此，微生物农药与杀菌剂不可以混用。

三、植保无人机的清洁

植保无人机在田间地头打药，会沾染上农药，影响植保无人机的使用寿命。因此，应做好清洁工作。

1. 农药类

喷雾器、弥雾机等用后清洗马虎不得。

①一般农药使用后，用清水反复清洗，直到喷洒系统流出清水晾干即可。

②不能晾干的情况时，喷洒在碱性条件下分解或者失效的药剂时，可用肥皂水、洗衣粉水、苏打水等碱性溶液清洗。

③对毒性大的农药，用后可用泥水反复清洗，倒置晾干。

2. 除草剂类

（1）清水清洗

麦田常用除草剂如苯磺隆（巨星），玉米田除草剂如乙阿合剂等，大豆、花生田除草剂如吡氟氯禾灵（盖草能），水稻田除草剂如敌草快（神锄）、苯达松等，在喷完后需马上用清水清洗桶及各零部件数次，之后将清水灌满喷雾机浸泡2~24h，再清洗2~3遍，便可放心使用。

（2）泥水清洗

有的药剂遇土便可钝化，失去杀草活性的原理，因而在喷完除草剂后，只要马上用泥水将喷雾器清洗数遍，再用水洗净即可。

（3）硫酸亚铁洗刷

小麦除草剂中有一定吸附性的 2 甲 4 氯等，在喷完该除草剂后，需用 0.5% 的硫酸亚铁溶液充分洗刷。

3. 使用粉剂和乳油类药剂注意事项

植保无人机不建议喷洒粉剂，如果少量粉剂喷洒后可以用温水和洗衣粉反复清洗，使用化控类粉剂后，需要将植保无人机喷洒系统浸泡 2~24h，反复清洗 2~3 遍。

喷洒乳油类药剂可以用热水和肥皂水反复清洗晾干，使用化控类乳油（如二甲戊灵）后，需要将植保无人机喷洒系统浸泡 2~24h，反复清洗 2~3 遍。

第三章 植保无人机飞行前准备

第一节 信息准备

一、起飞场地的选取

1. 起飞场地的要求

对于无人驾驶固定翼飞机，起飞跑道（起飞场地）是必不可少的。选取能满足无人机起飞要求的跑道是非常重要的。主要考虑五个方面：起飞跑道的朝向、长度、宽度、平整度及周围障碍物。不同种类和型号的飞机对这五个方面的要求也不同。例如，重型固定翼飞机抗风性能强，要求起飞跑道的朝向不一定是正风，但是要求起飞跑道较长；大型无人机由于本身体积因素，要求起飞跑道更宽；当然，对于所有固定翼飞机要求起飞跑道尽量平整、起飞跑道尽头不得有障碍物，跑道两侧尽量不要有高大建筑物或树木。

2. 起飞场地实地勘察与选取

根据不同飞机对起飞场地的要求，有目的地进行实地勘察。当某一处场地的起飞跑道不能满足要求时，应在附近再次勘察。实在没有找到符合要求的场地时，应向上一级工程师报告，等待进一步的指导。

3. 起飞场地清整

起飞场地清整内容包括起飞跑道上较大石块、树枝及杂物的清除，用铁锹铲土填平跑道上的坑洼。用石灰粉、画线工具在地上画起跑线和跑道宽度线，应注意适合该机型起飞的跑道宽度。

4. 起飞安全区域

无人机起飞区域必须绝对安全，国家对空域是有限开放的。2014年，由国务院、中央军委空中交通管制委员会组织召开的全国低空空域管理改革工作会议确定了包括广州、海南岛、杭州、重庆在内的10个1 000 m以下空域管理改革试点。无人机的起飞区域必须严格遵守国家规定的相关法令，除了遵守1 000 m以下空域管理规定，还应根据无人机的起降方式，寻找并选取适合的起降场地，起飞场地应满足以下要求。

①距离军用、商用机场须在10km以上。

②起飞场地相对平坦、通视良好。

③远离人口密集区，半径200m范围内不能有高压线、高大建筑物、重要设施等。

④起飞场地地面应无明显凸起的岩石块、土坎、树桩，也无水塘、大沟渠等。

⑤附近应无正在使用的雷达站、微波中继、无线通信等干扰源，在不能确定的情况下，应测试信号的频率和强度，如对系统设备有干扰，须改变起降场地。

⑥无人机采用滑跑起飞的，滑跑路面条件应满足其性能指标要求。

二、气象情报的收集

气象是指发生在天空中的风、云、雨、雪、霜、露、闪电、打雷等一切大气的物理现象，每种现象都会对飞行产生一定影响。其中，风对飞行的影响最大，其次是温度、能见度和湿度。以下主要介绍它们对飞行的影响，以及定性和定量收集其信息的方法。

1. 风对飞行的影响

无论是飞机的起飞、着陆，还是在空中飞行，都受气象条件的影响和制约。其中，风对其造成的影响尤为突出。风的种类主要有顺风、逆风、侧风、大风、阵风、风切变、下沉气流、上升气流和湍流等，在这里主要介绍顺风、逆风、侧风和风切变及其对起飞的影响。

（1）顺风

顺风是指风的运动方向与飞机起飞运动方向一致的风。这种情况下起飞是最危险的，因为无人机的方向控制只能靠方向舵完成，而方向舵上没有风就无法正确控制方向，容易造成飞行事故。飞机的垂直尾翼在逆风情况下有利于对飞机的方向控制，而顺风则不利于对飞机的方向控制。顺风还会增加飞机在地面的滑跑速度和降低飞机离地后的上升角，而且速度增加值大于顺风对飞机空速的增加值。

（2）逆风

逆风是指风的运动方向与飞机起飞运动方向相反的风。这种情况下起飞是最安全的，因为无人机的方向控制只能靠方向舵完成，而方向舵上有风就容易控制方向，容易保障起飞的稳定和安全。逆风可以缩短飞机滑跑距离、降低滑跑速度和增加上升角，这样就不容易使飞机冲出跑道。

（3）侧风

侧风是指风的运动方向与飞机起飞运动方向垂直的风。在发生的与风有关的飞行事故中，近半数飞行事故是侧风造成的。在侧风情况下，要不断调整飞行姿态和飞行方向，而且尽量向逆风方向调整，即在起飞阶段，飞机离开地面后，向逆风方向转弯飞行。

（4）风切变

风切变的定义有多种，它是指风速和（或）风向在空间或时间上的梯度；它是在相对小的空间里的风速或风向的改变；它是风在短距离内改变其速度或方向的一种情况，其区域的长和宽分别为 25~30km 和 7~8km，而其垂直高度只有几百米。风切变的特征是诱因复杂、来得突然、时间短、范围小、强度大、变幻莫测。风切变对飞行的影响包括：顺风风切变会使空速减小，逆风风切变会使空速增加，侧风风切变会使飞机产生侧滑和倾斜，垂直风切变会使飞机迎角变化。总的来说，风切变会使飞机的升力、阻力、过载和飞行轨迹、飞机姿态发生变化。

风切变对无人机的影响不易察觉，一般通过自驾仪自动完成调整。在低空遥控飞行时，如果发现飞机的飞行动作与遥控指令不一致，说明遇到风切变，这时应使无人机保持抬头姿态并使用最大推力，以建立稍微向上的飞行轨迹或减少下降。

2. 气象情报的采集

气象情报可以通过专用仪器进行采集，也可以通过观察、询问、上网等方式收集。这里只着重介绍风、温度、湿度和能见度数据的采集。

（1）风数据的采集

①风速的检测：风速又称风的强弱，是指空气流动的快慢。在气象学中特指空气在水平方向的流动，即单位时间内空气移动的水平距离，以 m/s 为单位，取一位小数。最大风速是指在某个时段内出现的最大 10min 平均风速值；极大风速（阵风）是指某个时段内出现的最大瞬时风速值；瞬时风速是指 3s 的平均风速。风速可以用风速仪测出，风速分 12 级，1 级风是软风，12 级风是飓风，见表 3-1。一般大于 4 级风（和风），就不适宜无人机的飞行。

表 3-1　风速表

风级	风速（m/s）	风名	陆地物现象
0	0~0.2	无风	烟直上
1	0.3~1.5	软风	树叶微动，烟能表示方向
2	1.6~3.3	轻风	树叶微响，人面感觉有风
3	3.4~5.4	微风	树叶和细枝摇动不息，旗能展开

（续表）

风级	风速（m/s）	风名	陆地物现象
4	5.5~7.9	和风	能吹起灰尘、纸片，小树枝摇动
5	8.0~10.7	清风	有叶小树摇摆，内陆水面有小波
6	10.8~13.8	强风	大树枝摇动，电线呼呼响，举伞困难
7	13.9~17.1	疾风	全树摇动，大树枝弯下来，迎风步行不便
8	17.2~20.7	大风	树枝折断，迎风步行阻力很大
9	20.8~24.4	烈风	平房屋顶受到损坏，小屋受破坏
10	24.5~28.4	狂风	可将树木拔起，将建筑物毁坏
11	28~32.6	暴风	陆地少见，摧毁力很大，遭重大损失
12	>32.6	飓风	陆地上绝少，其摧毁力极大

②风向的检测：地表面风向的检测可以通过在遥控器天线上系一条红色丝绸带，将遥控器天线拉出并直立，观察到红色丝绸带飘动的方向，即风吹来的方向。也可以用风向标观察风的方向，风向标分头和尾，头指向的方向即为风向，头指向东北就是东北风。风向的表示有东风、南风、西风、北风、东南风、西南风、东北风、西北风。

（2）温度数据的采集

温度是表示物体冷热程度的物理量，温度只能通过物体随温度变化的某些特性来间接测量，而用来度量物体温度数值的标尺叫温标。它规定了温度的读数起点（零点）和测量温度的基本单位。温度的国际单位为热力学温标（K）。目前国际上用得较多的其他温标有华氏温标（℉）、摄氏温标（℃）和国际实用温标。

温度测量一般采用水银柱、酒精柱、双金属片、铂电阻、热电偶和红外测温等方式。

①指针式温度计是形如仪表盘的温度计，也称寒暑表，用来测室温，是利用金属的热胀冷缩原理制成的。它是以双金属片作

为感温元件，用来控制指针。双金属片通常是用铜片和铁片铆在一起，且铜片在左，铁片在右。由于铜的热胀冷缩效果要比铁明显得多，因此当温度升高时，铜片牵拉铁片向右弯曲，指针在双金属片的带动下就向右偏转（指向高温）；反之，温度变低，指针在双金属片的带动下就向左偏转（指向低温）。

②铂电阻测温可分为金属热电阻式和半导体热电阻式两大类，前者简称热电阻，后者简称热敏电阻。常用的热电阻材料有铂、铜、镍、铁等，它具有高温度系数、高电阻率、化学和物理性能稳定、良好的线性输出等特点，常用的热电阻有 PT100、PT1000 等，如图 3-1 所示。

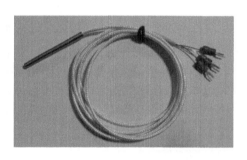

图 3-1　铂电阻温度传感器

③热电偶测温是将两种不同的金属导体焊接在一起，构成闭合回路（图 3-2），如在焊接端（即测量端）加热产生温差，则

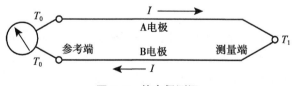

图 3-2　热电偶测温

在回路中就会产生热电动势，此种现象称为塞贝克效应。如将另一端（即参考端）温度保持一定（一般为0℃），那么回路的热电动势则变成测量端温度的单值函数。这种以测量热电动势的方法来测量温度的元件，即2种成对的金属导体，称为热电偶。热电偶产生的热电动势，其大小仅与热电极材料及两端温差有关，与热电极长度、直径无关。

④温度传感器的安装方式主要有2种：接触式和非接触式（表3-2）。接触式测量的主要特点是方法简单、可靠，测量精度高。但是，由于测温元件要与被测介质接触进行热交换，才能达到平衡，因而产生了滞后现象。非接触式测温是通过接收被测介质发出的辐射热来判断的，其主要特点是测温不受限制，速度较快，可以对运动物体进行测量。但是它受到物体的辐射率、距离、烟尘和水汽等因素影响，测温误差较大。非接触式红外传感器可以将温度信号转换成0~20mA或0~10V的标准电信号，将该信号接入操控系统就可以在地面站显示被测物体的表面温度，如实时监视飞机发动机的温度等。

表3-2　接触式和非接触式温度传感器

实物图	安装方式	测量范围及精度
	接触式管道螺纹安装，将温度传感器拧到被测物体螺纹孔里	0~50℃，±0.5℃
	接触式贴片安装，用带垫片的螺钉将其固定到被测物体上	0~50℃，±0.5℃
	手持式非接触温度测温仪，手持温度测温仪，对准被测物体，距离在1.5m内，按下测试按钮，在液晶屏上读取温度值	温度范围：-18~400℃ 准确度：±2℃或±2℃ 测温距离不超过1.5m

（3）湿度的测量

湿度是指空气中含水的程度，可以由多个量来表示空气的湿度，如绝对湿度、蒸汽压、相对湿度、比湿、露点等。用来测量湿度的仪器叫作湿度计，下面主要介绍绝对湿度、相对湿度的测量。

①绝对湿度是指一定体积的空气中含有的水蒸气的质量，一般其单位是 g/m^3。绝对湿度的最大限度是饱和状态下的最高湿度。绝对湿度只有与温度一起才有意义，因为空气中能够含有的湿度的量随温度而变化，在不同的高度中绝对湿度也不同，因为随着高度的变化空气的体积也变化。但绝对湿度越靠近最高湿度，它随高度的变化就越小。湿度测量从原理上划分有二三十种之多。但湿度测量始终是世界计量领域中著名的难题之一。一个看似简单的量值，深究起来，涉及相当复杂的物理化学理论分析和计算，初涉者可能会忽略在湿度测量中必须注意的许多因素，因而影响传感器的合理使用。常见的湿度测量方法有动态法（双压法、双温法、分流法）、静态法（饱和盐法、硫酸法）、露点法、干湿球法和电子式传感器法，下面主要介绍常用的测量湿度的方法。

干湿球法是 18 世纪就发明的测湿方法，历史悠久，使用最普遍。干湿球法是一种间接方法，它用干湿球方程换算出湿度值，而此方程是有条件的，即在湿球附近的风速必须达到 2.5m/s 以上。普通用的干湿球温度计将此条件简化了，所以其准确度只有 5%~7% RH（相对湿度），干湿球也不属于静态法，不要简单地认为只要提高两支温度计的测量精度就等于提高了湿度计的测量精度。干湿球测湿法采用间接测量方法，通过测量干球、湿球的温度，经过计算得到湿度值。因此对使用温度没有严格限制，在高温环境下测湿不会对传感器造成损坏。干湿球湿度计（图 3-3）的特点：干湿球湿度计的准确度还取决于干球、湿球两支温度计本身的精度；湿度计必须处于通风状态，只有纱布水套、水质、风速都满足一定要求时，才能达到规定的准确度（5%~7% RH）；可以通过目测，将干球温度值标记与湿球温度值标记连一条直线，该直线与中间湿度值标记线相交，直接读出湿度值。近年来，国内外在湿度传感器研发领域取得了长足进步。湿敏传感器正从简单的湿敏元件向集成化、智能化、多参数检测的方向迅速发展。电子式湿度传感器如图 3-4 所示。可以从电子湿度计的屏幕上直接读出湿度值。

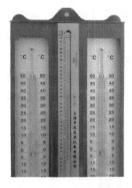

图 3-3　干湿球湿度计　　　　图 3-4　电子式湿度计

②相对湿度指空气中水汽压与相同温度下饱和水汽压的百分比，它的值显示水蒸气饱和度的高低。相对湿度为 100% 的空气是饱和的空气。相对湿度为 50% 的空气含有的水蒸气是同温度饱和空气中所含水蒸气的一半。相对湿度超过 100% 的空气中的水蒸气一般凝结出来。随着温度的增高，空气中可以含的水蒸气也增多，也就是说，在同样多的水蒸气的情况下，温度升高相对湿度就会降低。因此在提供相对湿度的同时也必须提供温度数据。

（4）能见度数据的采集

气象能见度是指视力正常的人，在白天当时的天气条件下，用肉眼观察，能够从天空背景中看到和辨认的目标物的最大水平距离。在夜间则是指中等强度的发光体能被看到和识别的最大水平距离，单位为 m 或 km。在空气特别干净的北极或是山区，能见度能够达到 70~100km，然而能见度通常由于大气污染以及湿气而有所降低。各地气象站报道的霾或雾可将能见度降低至零。雷雨天气、暴风雪天气也属于低能见度的范畴内。国际上对能见度的定义："烟雾的能见度定义为不足 1km；薄雾的能见度为 1~2km；霾的能见度为 2~5km。"烟雾和薄雾通常被认作是水滴的重要组成部分，而霾和烟由微小颗粒组成，粒径相比水滴要小。能见度不足 100m 的称为能见度为零，在这种情况下道路会被封锁，自动警示灯和警示灯牌会被激活以示提醒。在能见度为 2km 以下情况下，无人机绝对不可以起飞。空军气象台预报的能见度分为 1km、2km、4km、6km、8km、10km 和 10km 以上几个等级。

第二节　飞行前检测

为了保障无人机的飞行安全，在飞行前必须进行严格的检测，主要包括动力系统检测与调整、机械系统检测、电子系统检测和机体检查。

一、动力系统检测与调整

1. 两冲程发动机的准备

（1）燃料的选择与加注

两冲程活塞发动机有酒精燃料和汽油燃料之分。酒精燃料主要包括无水甲醇、硝基甲烷和蓖麻油，比例为 3：1：1；汽油燃料一般使用92号汽油。加注时，首先准备一个手动或电动油泵及其电源，将油泵的吸油口硅胶管与储油罐连接，油泵的出油口硅胶管与飞机油箱连接。手动或电动加注相应的燃料。根据上级布置飞行任务的时间及载重情况，决定加注燃料的多少。

（2）发动机的启动与调整

目前常用到的活塞发动机有两种，甲醇燃料发动机（图3-5）和汽油燃料发动机（图3-6）。其启动过程比较复杂，但它们在启动过程中，对油门和风门的调整原理相似。发动机主油门针、急速油门针和风门的调整对发动机功率、耗油量、寿命、噪声都有影响，下面分别介绍。

图3-5 甲醇燃料发动机

图3-6 汽油燃料发动机

首先将飞机放在跑道上，油箱注满燃料，点火电池放在火花塞上，遥控器与风门同步动作，启动器接触螺旋桨整流罩，然后进行如下操作。

用旋转的启动器带动螺旋桨，待发动机自行运转后，即可开始调节油门针。油动发动机主油门针的调整是通过旋转主油门针调整手柄来完成的，主油门针如图3-5、图3-6所示。主油门针调整手柄是一个表面有滚花的钢质圆柱体，有一个卡簧压在花纹上，可以使主油门针逐格旋转，主油门针的针柄侧壁上有一个圆形的小螺纹孔，它有两个作用：其一，它可以作为标记，帮助记住油门针的位置；其二，它可以固定加长油门针杆。主油门针位置有的在汽化器上，有的在发动机后侧底盖支架上。主油门针在发动机输出最大功率，即"大风门"时的调整作用最为明显。一般认为主油门针在发动机输出最大功率时确立基本的燃气混合比。

怠速油门针顾名思义，是调整怠速的。通过旋转怠速油门针调整螺钉来完成。怠速油门针调整螺钉的位置在汽化器的相对主油门针的一侧，与风门调整摇臂的旋转轴共轴，一般是在一个洞里，但有时也露在外面，是一个铜黄色的一字螺钉。怠速油门针在发动机低转速，即"小风门"时调整作用明显。怠速油门针和混合量控制油门针在发动机非输出最大功率时起到限制燃料供给量的作用。

风门是指吸入汽缸内空气流的必经之地，它位于主油门针与怠速油门针之间的喉管（进气通道）中，它的活动机构很容易被看见。怠速油门针就固定在其中的一端，同时在此端还有一个摇臂与风门控制舵机上的连杆相连，使风门与舵机联动。风门控制的道理与水龙头差不多，从进气口向内看，风门与喉管壁形成一个通道，风门完全打开时通道是圆形的，风门不完全打开时通道是枣核形的。改变摇臂位置可以改变通道的大小，从而限制进入发动机的"燃气"量。风门是联合调整量，在风门改变的同时，其内部机构会牵连怠速油门针一起运动，使得进油量随风门同步增减，控制进油量与发动机转速匹配。在调整时风门作为基准量，它的位置表示了当前发动机理想的工作状态，如风门全部打开，发动机转速最高，输出最大马力；风门只打开一条缝，发动机转速最低，处于怠速状态。理论上，调整发动机就是在风门打开到不同位置时把两个油门针旋转到适当位置。但实际上只需在风门全开（即"大风门"）和风门只打开一条缝（即怠速）时分别调整主油门针和怠速油门针即可。风门的调节有3种，粗调节、细调节和大风门调节。

①风门的粗调节：启动发动机后，将风门开至最大，主油门针调小，发动机转速升高，主油门针继续调小，发动机转速开始下降，这时主油门针调大，使发动机稳定在最高转速。在此基础上，将风门缓慢调小，观察到进气口有少量油滴喷出，将怠速油门针调小45°。将风门再次开至最大，左右旋转主油门针，使发动机稳定在最高转速。将风门缓慢调小，观察到进气口还有少量油滴喷出，将怠速油门针再调小45°。将风门再次开至最大，左右旋转主油门针，使发动机稳定在最高转速。将风门缓慢关小，观察到进气口没有油滴喷出为止。

②风门的细调节：注意发动机转速，发动机稳定在低转速。再将风门缓慢调小一些，发动机再次稳定在低转速。再将风门缓慢调小一些，发动机转速不再稳定，而是持续减小，这时将风门开大一些使转速再次稳定，即找到怠速位置。掐紧输油管，发动机转速先不变然后升高，松开输油管，将怠速油门针关小20°。将风门全开3s，再将风门缓慢关小，找到怠速位置，此时发动机转速比第一次要低，掐紧输油管，发动机转速先不变然后升高，但保持不变的时间比第一次短，松开输油管，将怠速油门针关小20°。将风门全开3s，再将风门缓慢关小，找到怠速位置，此时

发动机转速比第二次要低，掐紧输油管，发动机转速立即升高。将风门全开 3s，将风门关至怠速 10s，迅速将风门打开，注意发动机转速，发动机转速先保持一会再增加，将怠速油门针关小 20°。将风门全开 3s，再将风门关至怠速 10s，迅速将风门打开，发动机转速迅速增加，跟随性良好。

③大风门调节：左右旋转主油门针，使发动机稳定在最高转速，调整结束。转速测量，将非接触数字式转速表放在正在运转的发动机附近（10cm），读取数值。将调节好的发动机不灭火，以怠速状态等待起飞。

【注意事项】

①手指或身体部位躲开正在转动的发动机桨叶。

②不要站在发动机桨叶旋转平面位置。

③不要站在发动机排气管出口位置。

2. 无刷电动机的准备

无刷电动机（图 3-7）又称无刷直流电动机，由电动机主体和驱动器组成，是一种典型的机电一体化产品。无刷直流电动机是以自控式运行的，中小容量的无刷直流电动机的永磁体现在多采用稀土钕铁硼（Nd-Fe-B）材料。

图 3-7　无刷电动机

（1）无刷电动机试运行步骤

①首先用手指拨动桨叶，转动无刷电动机，应该没有转子碰擦定子的声音。

②将无刷电动机电缆接到控制器上。

③身体部位躲开螺旋桨旋转平面。

④将无刷电动机控制器上电，遥控器最后上电。

⑤轻轻拨动加速杆，螺旋桨旋转，并逐渐升速。

⑥加速杆拨回零位，螺旋桨旋转停止。

⑦无刷电动机控制器断电，遥控器最后断电。

⑧无刷电动机的准备工作结束。

（2）电源的准备

无人机上所用的电池主要是锂聚合物电池（图3-8），它是在锂离子电池的基础上经过改进而成的一种新型电池，具有容量大、质量轻（即能量密度大）、内阻小、输出功率大的特点。另外，由于电池外壳是塑料薄膜，因而，即便短路起火，也不会爆炸。锂聚合物电池充满电后电压4.2V，使用中电压不得低于3.3V，否则电池会损毁，这一点务必注意。无人机锂聚合物电池一般是2节或者3节串联后使用，电压12V左右。由于锂电池耐过充性很差，所以串联成的电池组在充电时必须对各电池独立充电，否则会造成电池永久性损坏。对锂电池组充电，必须使用专用的平衡充电器（图3-9），其充电电路如图3-10所示。

图3-8 锂电池

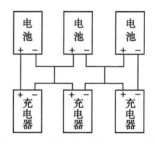

图 3-9　平衡充电器　　　　图 3-10　平衡充电器充电电路图

电池存放应注意远离热源，避免光照，定期对电池进行电压测试，当电压低于下限时，必须及时进行充电，直到充电器上显示充满信号（绿色指示灯亮）。例如，电池标称容量为 4 000mA·h，在充电完成后，在充电器仪表上显示≥3 800 mA·h，则充电合格。

二、无人机机械系统检测

1. 舵机与舵面系统的检测

舵机是一种位置伺服驱动器。它接收一定的控制信号，输出一定的角度，适用于那些需要角度不断变化并可以保持的控制系统。在微机电系统和航模中，它是一个基本的输出执行机构。舵机由直流电动机、减速齿轮组、传感器和控制电路组成，是一套自动控制装置。所谓自动控制就是用一个闭环反馈控制回路不断校正输出的偏差，使系统的输出保持恒定。舵机主要的性能指标有扭矩、转度和转速。扭矩由齿轮组和电动机所决定，在 5V（4.8~6V）的电压下，标准舵机的扭力是 5.5kg/cm。舵机标准转度是 60°。转速是指从 0°至 60°的时间，一般为 0.2s。

舵机检测内容主要包括以下几点。

①舵机摆动角度应与遥控器操作杆同步。

②舵机正向摆动切换到反向摆动时没有间隙。

③舵机最大摆动角度应是 60°。

④舵机摆动速度应是 0.2s。

⑤舵机摆动扭矩应有力，达到 5.5kg/cm。

2. 舵机与舵面系统的调整

舵机的调整。舵机输出轴正反转之间不能有间隙，如果有间隙，用旋具拧紧其固定螺钉。旋臂和连杆之间的连接间隙小于 0.2mm，即连杆钢丝直径与旋臂和舵机连杆上的孔径要相配。舵机旋臂、连杆、舵面旋臂之间的连接间隙也不能太小，以免影响其灵活性。舵面中位调整，尽量通过调节舵机旋臂与舵面旋臂之间连杆的长度使遥控器微调旋钮中位、舵机旋臂中位与舵面中位对应，微小的舵面中位偏差再通过微调旋钮将其调整到中位。尽量使微调旋钮在中位附近，以便在现场临时进行调整。

三、无人机电子系统检测

1. 电控系统电源的检测

由于机载电控设备种类多，所以用快接插头式数字电压表进行电压测量，具体操作如下。

①首先将无人机舱门打开，露出自驾仪、舵机、电源等器件，准备一个带快接插头的数字电压表。

②测量各种电源电压，包括控制电源、驱动电源、机载任务电源等。将数字电压表的快接插头连接到上述各个电源快接插头上；读取数字电压表数值；记录数字电压表数值。

③将各个电源接好。

④从地面站仪表上观察飞机的陀螺仪姿态、各个电压数值、卫星个数（至少要 6 颗才能起飞）、空速值（起飞前清零）、高度（高度表清零）是否正常。

⑤测试自驾/手动开关的切换功能，切到自驾模式时，顺便测试飞控姿态控制是否正常（测试完后用遥控器切换手动模式，此时关闭遥控器应进入自驾模式）。

⑥遥控器开伞、关伞开关的切换功能。在手动模式，伞仓盖已经盖好，则需要人按住伞仓盖进行开伞仓盖测试；在自动模式，通过鼠标操作地面站开伞仓盖按钮，完成开伞仓盖测试，要求与手动模式测试相同。

⑦舵面逻辑功能检查，不能出现反舵。

⑧停止运转检查，先启动发动机，然后再停止，在地面站上观察转速表的读数是否为零。

【注意事项】

①数字电压表的快接插头与各个电源快接插座的正负极性一致。

②如果电压低于规定值，应当立即更换电池。

2. 电控系统运行检测

在飞行前必须对无人机电控系统进行检测，首先将要进行检查的无人机放在空地上，打开地面站、遥控器以及所有机载设备的电源，运行地面站监控软件，检查设计数据，向机载飞控系统发送设计数据并检查上传数据的正确性，检查地面站、机载设备的工作状态，准备好无人机通电检查项目记录单（表3-3）。

表3-3　无人机通电检查项目记录单

检查项目	检查内容
电池	通过放电试验确定电池的有效工作时间，确保以后的飞行都在可靠的有保证的供电时间内
	地面站的报警电压设置为主电源7V，舵机电源4.6V
监控站设备	地面站设备运行应正常

（续表）

检查项目	检查内容
设计数据	检查设计数据是否正确，包括调取的底图、航路点数据是否符合航摄区域，整个飞行航线是否闭合，航路点相对起飞点的飞行高度，单架次航线总长度，航路点（包括起降点，特别是制式点1）、曝光模式（定点、定时、等距）、曝光控制数据的设置
数据传输系统	地面站至机载飞行控制系统的数据传输、指令发送是否正常
信号干扰情况	舵机及其他机载设备工作状态是否正常，有无被干扰现象
遥控器	记录遥控器的频率；所有发射通道设置正确；遥控开伞响应正常
	遥控通道控制正常，各舵面响应（方向、量）正确（否则从地面站调整舵机反向），如果感觉控制量太大，可以修改舵机的遥控行程
	风门设置检查，启动发动机，捕获设置风门最大值、最小值（稳定工作怠速偏上）和能够接收风门停车的位置。确保能够控制停车
	遥控器控制距离的检测。不拉出天线，控制距离至少在20m以上
	遥控（RC）和无人自主飞行（UAV）控制切换正常
机体静态情况下的飞控系统	GPS定位的检查：从开机到GPS定位的时间应该在1min左右，如果超过5min还不能定位，检查GPS天线连接或者其他干扰情况。定位后卫星数量一般都在6颗以上，位置精度因子PDOP水平定位质量数据越小越好（一般为1~2）
	卫星失锁后保护装置的检查：卫星失锁后保护装置应自动开启，伞仓门打开
	三轴陀螺零点、俯仰、滚转角的检查：通过设置俯仰滚转偏置使飞控的俯仰角和滚转角与飞机姿态对应起来。将飞机机翼水平放置，按下地面站"设置"对话框中的"俯仰滚转角"按钮，设置飞控的俯仰滚转角为0°
	转速的检查：如果飞机安装了转速传感器，用手转动发动机，观察地面站是否有转速显示，转速分频设置是否正确
	加速度计数据的变化
	高度计的检查：变化飞机的高度，高度显示值将随之变化
	空速的检查：在空速管前用手堵住气流，此时空速显示值应在0附近，否则请重新设置空速；再用手指堵住空速管稍用力压缩管内空气，空速显示值应逐渐增加或者保持，否则就有可能漏气或者堵塞；无风天气飞行中观察GPS地速与空速，修正空速计系数

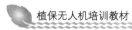

（续表）

检查项目	检查内容
机体静态情况下的飞控系统	启用应急开伞功能，应急开伞高度应大于本机型设定值，如某机型开伞高度应大于100m
机体振动状态下飞控系统的测试	启动发动机，在不同转速下观察传感器数据的跳动情况，舵面的跳动情况，特别是姿态表（地平仪）所示姿态数据；所有的跳动都必须在很小的范围内，否则改进减振措施
	数传发射对传感器的影响测试，在 UAV 模式下，如果影响较大，查看传感器数据中的实际值，观察陀螺数值是否都在 0 左右；否则发射机天线位置必须移动。其他发射机（如图像发射机）也必须这样测试
	所有接插件接插牢靠，特别是电源
数据发送与回传	将设计数据从地面站上传到机载飞控系统，并回传，检查数据的完整性和正确性，如目标航路点、航路点的制式航线等是否正确
控制指令响应	手动/自动操控的检查，关闭遥控器，切换到 UAV 模式正常
	发送开伞指令，开伞机构响应正常
	发送相机拍摄指令，相机响应正常
	发送高度置零指令，高度数据显示正确

四、无人机机体检查

无人机机体是飞行的载体，承载着任务设备、飞控设备、动力设备等，是整个飞行的基础。无人机机体检查项目如下。

1. 对机翼、副翼、尾翼的检查

①表面无损伤，修复过的地方要平整。

②机翼、尾翼与机身连接件的强度、限位应正常，连接结构部分无损伤，紧固螺栓须拧紧。

③整流罩安装牢固，零件应齐全，与机身连接应牢固，注明最近一次维护的时间。

2. 对电气设备安装的检查

①线路应完好、无老化。

②各接插件连接牢固。

③线路布设整齐、无缠绕。

④接收机、GPS、飞控等机载设备的天线安装应稳固。

⑤减振机构完好，飞控与机身无硬性接触。

⑥主伞、引导伞叠放正确，伞带结实、无老化，舱盖能正常弹起，伞舱四周光滑，伞带与机身连接牢固。

⑦油管应无破损、无挤压、无折弯，油滤干净，注明最近一次油滤清洗时间。

⑧起落架外形应完好，与机身连接牢固，机轮旋转正常。

⑨重心位置应正确，向上提拉伞带，使无人机离地，模拟伞降，无人机落地姿态应正确。

无人机飞行前按规定填写表单（表3-4至表3-6）进行检测，不仅可以避免漏项，还可以节约时间。

【注意事项】

①将要进行检查的无人机放在空地上。

②准备好无人机飞行平台检查项目记录表格。

③逐项检查无人机部件，并填写部件状态记录，存在问题的须注明，查出问题，及时处理，最后签字和注明日期。

表3-4 检查项目记录单

序号	检查项目	情况记录
1	设备使用记录	
2	地面站设备检查项目	
3	任务设备检查项目	
4	无人机飞行平台检查项目	
5	燃油、电池检查项目	
6	设备使用记录	
7	通电检查项目	

表 3-5　飞行平台等检查项目

名称	飞行平台	发动机	飞控	任务设备	监控站	遥控器	弹射架	降落伞
型号								
状态								

表 3-6　机体等检查项目

检查项目	检查内容	记录
机体外观	应逐一检查机身、机翼、副翼、尾翼等有无损伤,修复过的地方应重点检查	
连接机构	机翼、尾翼与机身连接件的强度、限位应正常,连接结构部分无损伤	
执行机构	应逐一检查舵机、连杆、舵角、固定螺钉等有无损伤、松动和变形	
螺旋桨	应无损伤,紧固螺栓须拧紧,整流罩安装牢固	
发动机	零件应齐全,与机身连接应牢固,注明最近一次维护的时间	
机内线路	线路应完好、无老化,各接插件连接牢固,线路布设整齐、无缠绕	
机载天线	接收机、GPS、飞控等机载设备的天线安装应稳固,接插件连接牢固	
飞控及飞控舱	各接插件连接牢固,线路布设整齐无缠绕,减振机构完好,飞控与机身无硬性接触	
任务载荷舱	照相机与机舱底部连接牢固	
降落伞	应无损伤,主伞、引导伞叠放正确,伞带结实、无老化	
伞舱	舱盖能正常弹起,伞舱四周光滑,伞带与机身连接牢固	
油箱	无漏油现象,油箱与机体连接应稳固,记录油量	
油路	油管应无破损、无挤压、无折弯,油滤干净,注明最近一次油滤清洗时间	
起落架	外形应完好,与机身连接牢固,机轮旋转正常	
飞行器总体	重心位置应正确,向上提伞带使无人机离地,模拟伞降,无人机落地姿态应正确	
空速管	安装应牢固,胶管无破损、无老化,连接处应密闭	

第三节 航线准备

一、航路规划

航路又被称为航迹、航线，航路规划即飞机相对地面的运动轨迹的规划。在无人机飞行任务规划系统中，飞行航路指的是无人机相对地面或水面的轨迹，是一条三维的空间曲线。航路规划是指在特定约束条件下，寻找运动体从初始点到目标点满足预定性能指标最优的飞行航路。

航路规划的目的是利用地形和任务信息，规划出满足任务规划要求相对最优的飞行轨迹。航路规划中采用地形跟随、地形回避和威胁回避等策略。

航路规划需要各种技术，如现代飞行控制技术、数字地图技术、优化技术、导航技术以及多传感器数据融合技术等。

要想完成无人机飞行任务，必须进行航路规划、航路控制和航路修正，下面简单介绍。

1. 航路规划步骤

①从任务说明书中了解本次任务情况，包括上级部署的航线、飞行参数、动作要求。

②给出航路规划的任务区域，确定地形信息、威胁源分布的状况以及无人机的性能参数等限制条件。

③对航路进行优化，满足无人机的最小转弯半径、飞行高度、飞行速度等约束条件。

④根据任务说明书的内容，以及上级指定的航线，在电子地图上画出整个飞行路线。

2. 航路的控制

当无人机装载了参考航路后，无人机上的飞行航路控制系统使其自动按预定参考航路飞行，航路控制是在姿态角稳定回路的基础上再加上一个位置反馈构成的。其工作过程如下：在无线信道畅通的条件下，由 GPS 定位系统实时提供飞机的经度和纬度，结合遥测数据链提供的飞机高度，将其与预定航路比较，得出飞机相对航路的航路偏差，再由飞行控制计算机计算出飞机靠近航路飞行的控制量，并将控制量发送给无人机的自动驾驶系统，机上执行机构控制飞机按航路偏差减小的方向飞行，逐渐靠近航路，最终实现飞机按预定航路的自动飞行，从而完成预定的飞行任务。

3. 航路的修正

在任务区域内执行飞行任务时，无人机是按照预先指定的任务要求执行一条参考航路，根据需要适时调整和修正参考航路。由于在执行任务阶段对参考航路的调整只是局部的，因此在地面准备阶段进行的参考航路规划对于提高无人机执行任务的效率至关重要。

4. 航路威胁源的避让

无人机处于高空、高速飞行状态，可以将地形环境中高度的因素简单化考虑，即将三维的工作环境变成二维的环境，这样有助于将航路规划的任务简单考虑。但如果有复杂地形的情况，航路规划就变成了一项复杂的工作，要考虑针对地形跟随的低空突防的航路规划，这也要根据实际的情况来确定。将空间高度高于无人机最大飞行高度的山脉、天气状况恶劣的区域都标为障碍区，等同于威胁源，用威胁源中心加上威胁半径来表示。在做无人机航路规划时要避开这些区域，具体做法如下。

①指定起始点和目标终点。

②通过任务规划，指定作业区域，用经纬度表示。

③给出作业设备能够作用的范围。用半径为 R 的圆表示，圆的中心即为作业区域的中心。

④建立威胁源的模型，用威胁半径为 R 的圆表示。建模的时候充分考虑不同的威胁源及其威胁等级，作为衡量航路路径选择的一个标准，使无人机在不同威胁源的情况下选择不同的航路。规划最安全航路和最短航路之间可能存在矛盾，考虑安全性的同时还要考虑航路长度对燃油的消耗问题。两者结合考虑以获得最佳的航路，不仅在安全范围内，还能少消耗燃油。

二、地面站设备准备

1. 地面站硬件设备的连接

地面站设备主要是指地面站，它具有对自驾仪各种参数、舵机及电源进行监视和控制的功能。飞行前必须对其进行测试。将无人机地面站设备放在工作台上，打开地面站的电源，准备好无人机地面站检查项目记录表格（表 3-7），逐项检查无人机地面站设备的连接情况。

表 3-7　地面站连接检查项目

检查项目	检查内容	记录
线缆与接口	检查线缆无破损，接插件无水、霜、尘、锈，针、孔无变形，无短路	
地面站主机	放置应稳固，接插件连接牢固	
地面站天线	数据传输天线应完好，架设稳固，接插件连接牢固	
地面站电源	正负极连接正确，记录电压数值	

2. 地面站软件
（1）软件安装

地面站软件是完成航路规划的工具，必须将其安装在电脑上。具体安装步骤：地面站设备接通电源，主界面出现后，将地面站软件安装盘放入地面站或笔记本电脑的光驱，或将 U 盘插到地面站或笔记本电脑的 USB 接口；按照安装界面提示的路径进行操作，完成安装。重新启动地面站，进入地面站操作主页面，等待具体规划。

（2）软件界面认知

地面站是操作功能全面的指挥控制中心，它是操作培训、软件模拟、飞控调试、实时三维显示以及飞行记录分析的一体化无缝工作平台。双击地面站图标，进入无人机地面操控界面。其可进行模拟控制、结合 UP 等可进行模拟飞行、实时对无人机进行飞行控制、记录回放等。

一般界面的左方是地图区，右方是功能区，下方是参数显示区和状态显示区。在该地面站界面中，可以完成的功能有以下几种。

①模拟状态的飞行软件选择、数传电台的数据传输情况。

②焦点飞行器实时姿态、速度、高度等飞行参数显示，滑动条可用于控制飞行器飞行。

③飞行器实时信息显示。

④相关飞行航线设置的功能区以及比例尺的显示。

⑤位置信息显示和地图种类选择。

⑥地图区是屏幕中间最大的部分，用于观察飞行器姿态、航线设定、实时飞行控制等。

关于航线设定界面，在地图区域点击鼠标左键进入航线规划界面。将光标移到航点上，按下鼠标左键即可拉动此航点到任意位置。如果需要修改其他属性，双击航点即可打开航点编辑视窗。如想要删除或增添航点，用鼠标左键点击选择一个航点，再点击鼠标右键，弹出菜单后选取相应操作，航线绘制完毕上传退出即可。

（3）地图知识

在地面站进行航线规划操作时，离不开地图相关的知识，这里还需要掌握地图比例尺相关知识。地图上的比例尺，表示图上距离比实地距离缩小的程度，因此也叫缩尺。用公式表示为：比例尺=图上距离/实地距离。

比例尺通常有以下 3 种表示方法：

①数字式：用数字的比例式或分数式表示比例尺的大小。例如地图上 1cm 代表实地距离 100km，可写作 1∶10 000 000。

②线段式：在地图上画一条线段，并注明地图上 1cm 所代表的实地距离。

③文字式：用文字直接写出地图上 1cm 代表实地距离多少千米，如图上 1cm 相当于地面距离 100km。

第四章 植保无人机飞行操作

第一节 起飞操控

一、无人机遥控器操作

1. 遥控器的功能与组成

图 4-1 所示为四通道比例遥控设备发射机的外形和各部分名称。在发射机面板上，有两根操纵杆分别控制 1、2 通道和 3、4 通道动作指令，另外还有与操纵杆动作相对应的 4 个微调装置。在发射机的底部设有 4 个舵机换向开关，可以用来改变舵机摇臂的偏转方向。

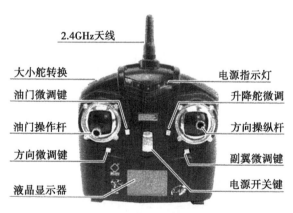

2.4GHz天线

大小舵转换　　　　　　　　　　　电源指示灯

油门微调键　　　　　　　　　　　升降舵微调

油门操作杆　　　　　　　　　　　方向操纵杆

方向微调键　　　　　　　　　　　副翼微调键

液晶显示器　　　　　　　　　　　电源开关键

图 4-1　四通道遥控器各部分名称

2. 遥控器的常用操作方式

（1）日本手遥控器

日本手遥控器如图 4-2 所示，左手控制升降舵和方向舵，右手控制油门和副翼。

（2）美国手遥控器

美国手遥控器如图 4-3 所示，左手控制油门和方向舵，右手控制升降舵和副翼。

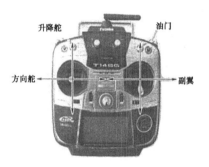

图 4-2　日本手遥控器

图 4-3　美国手遥控器

3. 遥控器对频

对频就是让接收器认识遥控器，从而能够接收遥控器发出的信号。通常情况下，套装的遥控器在出厂之前就已经完成了对频，可以直接使用。如果需要手动对频，请参照相应的遥控器说明书来进行，以下仅以较为常用的某型遥控器为例进行对频操作的简要介绍。

①将发射机和接收机的距离保持在 50cm 以内，打开发射机的电源，如图 4-4 所示。

②在遥控器关联菜单下面打开系统界面，如图 4-5 所示。

③如果使用 1 个接收机，选择"SINGLE"；如果 1 台发射机

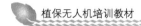

要对应2个接收机，则选择"DUAL"。选择后者的时候，需要同时与2个接收机进行对频，如图4-6所示。

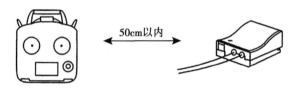

图4-4 发射机和接收机距离

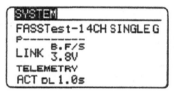

图4-5 系统界面

显示主接收机ID　　　　　　　　　　　　　　　　　显示副接收机ID

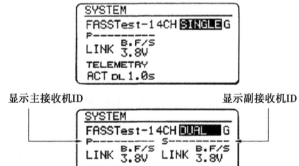

图4-6 选择接收机个数的界面

④选择下拉菜单中的"LINK"并按下 RTN 键，如果发射机发出嘀嘀声，则表示已经进入对频模式，如图 4-7 所示。

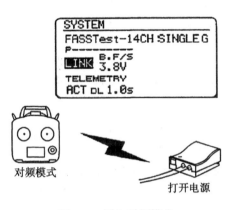

图 4-7　进入对频模式

⑤进入对频模式之后，立刻打开接收机的电源。

⑥打开接收机电源几秒钟后，接收机进入等待对频状态。

⑦等到接收机的 LED 指示灯从闪烁变为绿灯长亮，则表示对频已完成，如图 4-8 所示。

图 4-8　对频完成

通常在以下情况下需要进行对频操作。

①使用非原厂套装的接收机时。

②变更通信系统之后。

4. 遥控器拉距试验

无人机拉距试验的目的是对遥控系统的作用距离进行外场测试。每次拉距时，接收机天线和发射机天线的位置必须是相对固定的。拉距的原则是要让接收机在输入信号比较弱的情况下也能正常工作，这样才可以认为遥控系统是可靠的。具体的方法是将接收机天线水平放置，指向发射机位置，而发射机天线也同时指向接收机位置。由于电磁波辐射的方向性，此时接收机天线所指向的方向，正是场强最弱的区域。

新的遥控设备进行拉距试验时，应先拉出一节天线，记下最大的可靠控制距离，作为以后例行检查的依据。然后再将天线整个拉出，并逐渐加大遥控距离，直到出现跳舵。当天线只拉出一节时，遥控设备应在 30~50m 的距离上工作正常。而当天线全部拉出时，应在 500m 左右的距离上工作正常。

所谓的工作正常，标准是舵机没有抖动。如果舵机出现抖动，要立即关闭接收机，此时的距离刚好是地面控制的有效距离。

老式的设备不允许在短天线时开机，否则会把高频放大管烧坏。新式设备都增加了安全装置，不用再担心烧管的问题。但镍镉电池刚充完电时不能立刻开机，因为此时发射机电源的电压有可能会超过额定值。

二、无人机起飞操纵

1. 无人机常用起飞方法

（1）滑跑起飞

对于滑跑起降的无人机，起飞时将飞机航向对准跑道中心线，然后启动发动机。无人机从起飞线开始滑跑加速，在滑跑过程中逐渐抬起前轮。当达到离地速度时，无人机开始离地爬升，直至达到安全高度。整个起飞过程分为地面滑跑和离地爬升两个阶段。

（2）母机投放

母机投放是使用有人驾驶的飞机把无人机带上天，然后在适当位置投放起飞的方法，也称空中投放。这种方法简单易行，成功率高，并且还可以增加无人机的航程。

用来搭载无人机的母机需要进行适当改装，比如在翼下增加几个挂架，飞机内部增设通往无人机的油路、气路和电路。实际使用时，母机可以把无人机带到任何无法使用其他起飞方式的位置进行投放。

（3）火箭助推

无人机借助固体火箭助推器从发射架上起飞的方法称为火箭助推。有些小型无人机也可以不使用火箭助推器，而采用压缩空气弹射器来弹射起飞。

无人机的发射装置通常由带有导轨的发射架、发射控制设备和车体组成，由发射操作手进行操作。发射时，火箭助推器点火，无人机的发动机也同时启动，无人机加速从导轨后端滑至前端。离轨后，火箭助推器会继续帮助无人机加速，直到舵面上产生的空气动力能够稳定控制无人机时，火箭助推器任务完成，自动脱离。之后，无人机便依靠自己的发动机维持飞行。

（4）车载起飞

车载起飞是将无人机装在一辆起飞跑车上，然后驱动并操纵车辆在跑道上迅速滑跑，随着速度增大，作用在无人机上的升力也增大，当升力达到足够大时，无人机便可以腾空而起。

无人机可以使用普通汽车作为起飞跑车，也可以使用专门的起飞跑车。有一种起飞跑车，车本身无动力，靠无人机的发动机来推动。还有一种起飞跑车，在车上装有一套自动操纵系统，它载着无人机在跑道上滑跑，并掌握无人机的离地时机。

车载起飞的优点是可以选用现有的机场起飞，不需要复杂笨重的起落架，起飞跑车结构简单，比其他起飞方法更经济。

（5）垂直起飞

无人机还可以利用直升机的原理进行垂直起飞。这种无人机装有旋翼，依靠旋翼支撑其重量并产生升力和推力。它可以在空中飞行、悬停和垂直起降。

2. 副翼、升降舵和方向舵的基本功能

（1）副翼的功能

副翼的作用是让机翼向右或向左倾斜。通过操纵副翼可以完成飞机的转弯，也可以使机翼保持水平状态，从而让飞机保持直线飞行。

（2）升降舵的功能

当机翼处于水平状态时，拉升降舵可以使飞机抬头；当机翼处于倾斜状态时，拉升降舵可以让飞机转弯。

（3）方向舵的功能

在空中飞行时，方向舵主要用于保持机身与飞行方向平行。在地面滑行时，方向舵用于转弯。

3. 滑跑与拉起

滑跑与拉起在整个飞行过程中是非常短暂的，但是非常重要，决定飞行的成败。所以，在飞行操作之前，必须将各个操作步骤程序化，才能在短暂的数秒中完成多个操作动作。

（1）滑跑

①在整个地面滑跑过程中，保持中速油门，拉10°的升降舵。

②缓慢平稳地将油门加到最大，等待达到一定速度。

（2）起飞

①在飞机达到一定速度时，自行离地。

②在离地瞬间，将升降舵平稳回中，让机翼保持水平飞行。

③等待飞机爬升到安全高度。

（3）转弯

①当飞机爬升到安全高度时，进行第一个转弯，将油门收到中位，然后水平转弯。

②调整油门，让飞机保持水平飞行，进入航线（不管油门设在什么位置，都要注意让飞机在第一次转弯时保持水平飞行，以防止转弯后出现波状飞行）。

4. 进入水平飞行

（1）飞行轨迹的控制

飞机起飞后有充分的时间对油门进行细致的调整，以保持飞机水平飞行。但是在进行油门调整之前，首先要保证能够控制好飞机的飞行轨迹。

（2）进入水平飞行

从转弯改出（改出是让飞机从非正常飞行状态下经操作进入正常飞行状态的过程）后，进入第三边（顺风边）飞行。此时不要急于调整油门，只有在操纵飞机飞行一段时间后，发现飞机一直持续爬升或下降，才需要进行油门的调整。在进行油门调整时，需要注意的是，在做完一次调整之后，要先操纵飞机飞一会儿，观察一下飞行状态，然后再决定是不是需要对油门进行进一步的调整。

第二节　飞行航线操控

飞行航线操控一般分为手动操控与地面站操控两种方式，手动操控用于起飞和降落阶段，地面站操控用于作业阶段。

一、手动飞行操控

1. 直线飞行与航线调整

细微的航线调整及维持直线飞行是通过"点碰"（轻触）副

翼的动作来进行的。就像开车一样，大多数人刚开始学习开车的时候，通常都是死死握住方向盘不放，使其长时间地处在修正上次误差的位置上。而熟练驾驶之后，就会变得放松而自信，只需一次次地轻打方向盘，就能保持直线行驶，同时还能减少对行驶方向进行修正的次数。同理，在操控无人机时，不管是要保持直线航行，还是要对航线进行细微调整，只需轻轻"点碰"副翼再放松回到回中状态，即可减轻过量操纵的问题，从而达到精准控制。经过反复练习之后，这种点碰副翼的动作会变得非常细微而准确，使航线变得非常平滑，也使飞机的操纵变得得心应手。

直线飞行与航线调整的基本要点如下。

①轻轻点碰一下副翼后马上回中，而不要压住副翼不放。这样就可以使飞机产生轻微的倾斜，从而一点一点地对航线进行调整。由于这个过程中产生的坡度很小，所以飞机在点碰之后并不会掉高度。

②轻轻点碰副翼一到两次，即可将机翼调回水平状态，从而保持直线飞行。

③在点碰副翼之后，由此而产生的轻微倾斜可能并不会马上体现出来。所以，在点碰之后，一定要在回中的位置上稍微等一下，等到点碰的效果显现出来以后，再决定是不是需要做下一次点碰动作。

2. 转弯与盘旋

(1) 转弯操控

初学者在开始时会很自然地根据飞机的飞行状况去被动地"反应"。这样的一个"被动反应者"必须要先见到错误之后才能够决定下一步该怎样行动。因此，所有"被动反应者"在开始的时候都会遇到螺旋俯冲的问题。问题产生的原因在于：操纵者在开始转弯的时候先压一点儿副翼，然后一边观察机翼的倾斜情况，一边用手继续压着副翼。当飞机开始下沉的时候，操纵者的注意力自然会转移到拉升降舵上，以使飞机保持平飞。而在这一过程中，其手指是始终压着副翼的。如此一来，其结果就是让飞机倾斜得更厉害，更加急剧地螺旋俯冲。所以要尽量避免采用这一惯用的见错改错的方式来转弯。

①操纵飞机转弯的步骤如下。

压坡度：利用副翼将机翼向要转弯的方向横滚倾斜。

回中：将副翼操纵杆回中，使机翼不再进一步倾斜。

转弯：立即拉升降舵并一直拉住，使飞机转弯，同时防止飞机在转弯过程中掉高度。

回中：将升降舵操纵杆回中，以停止转弯。

改出：向反方向打副翼，使机翼恢复到水平状态。

回中：在机翼恢复水平的瞬间将副翼回中。

副翼偏转幅度的大小决定转弯的角度，也决定了拉升降舵的幅度。

②以回中状态作为标志点。如果每次转弯都从回中状态开始，并且在两次操纵动作之间再回到回中状态，那么就可以形成一个"标志点"。利用这个"标志点"，可以精确计量出每次操纵幅度的大小，从而就能够更容易地再现正确的操纵幅度。

③确保每次转弯都保持一致的方法。无论左转弯还是右转弯，操纵的模式均相同。在转弯结束时，使用与压坡度（使飞机形成围绕纵轴偏离水平的角度）时幅度相同但方向相反的方式操纵副翼进行改出，即可保证转弯的一致性。

（2）180°水平转弯

副翼的操纵幅度较小，因而飞机飞的坡度也较小，转弯也较缓；同时拉升降舵的幅度也要较小，以保证飞机在转弯过程中维持水平。

（3）360°盘旋

360°盘旋是180°水平转弯的延伸：只需一直拉住升降舵，即可很容易地完成该动作。

副翼的操纵幅度较大，因而飞机的坡度也较大，转弯也较急；同时拉升降舵的幅度也要较大，以保证飞机在转弯过程中维持水平。

3. 高度控制与油门

（1）通过油门控制高度

在初次学习飞行操控时，应将油门控制在大约1/4的位置。因为此时飞机的速度比较理想，既可以让飞机获得足够的速度来保持水平飞行，同时又不会飞得太快，让学员有充分的时间去思考。如果想改变飞行高度，正确方法：若要让飞机爬升，则将油门加到比1/4大，那么飞机速度就会加快，升力提高而使飞机上升；若要让飞机下降，则可将油门减到比1/4小，那么飞机速度就会减小，升力降低而使飞机下降。

在使用1/4油门时，并不能像想象中那样利用升降舵来爬升或下降。假如采用升降舵来爬升的话，那么在不加大油门的情况下，飞机向上爬升时速度会逐渐降低。此时升力会逐渐减小，使飞机下降。换句话说，飞机的轨迹就会进入振荡状态，即所谓的"波状飞行"。

（2）改出

改出时不能简单地依靠油门来将飞机拉起，而应先让飞机从非正常状态飞出来。之后，如果还有必要再爬升到原有高度的话，可以再加大油门（图4-9、图4-10）。

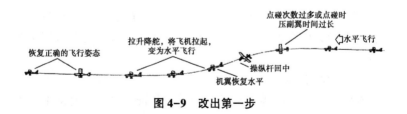

图4-9　改出第一步

减小油门，恢复水平飞行

飞行速度提高，飞机爬升

通过稍加大油门来
增加飞行高度

图 4-10 改出第二步

二、地面站航线飞行操纵

1. 地面站的界面布局

无人机地面站软件的界面通常可以划分为以下区域。

（1）菜单栏

菜单栏通常处于整个界面的最上边，主要包括文件、工具、帮助等功能。也有些地面站软件为了方便操作，在菜单栏中会整合一些其他的常用功能，如设置、数据下载、捕获等（图4-11）。

功能 起飞检查 设置 下传数据 PID调整 捕获 接收机控制 沿线 CRPV 云台控制 工具 关于

图 4-11 菜单栏

（2）工具栏

与其他常用软件和程序类似，地面站软件界面中通常会包含一个工具栏。工具栏一般在菜单栏的下方，通常以图标按钮的方式整合各种常用功能，方便用户操作。工具栏的功能较多，如显示比例、测距、规划航线、擦除航点、上传航线数据、下载航线数据、标注位置点等（图4-12）。

图 4-12 工具栏

（3）状态栏

状态栏通常位于界面的最下方，主要用于显示鼠标所在地图位置对应的经纬度和海拔高度等信息。有的软件还能够在状态栏显示数据下传状态，包括通信状态、飞控状态、卫星状态等（图4-13）。

应答：　通信：　模式：　GPS：　卫星：　PDOP：　舵机电压：　总电压

图4-13　状态栏

（4）数据区

地面站软件界面中通常设有专门显示飞行数据的数据区，主要用于显示飞行高度、速度、航向、距离等数据。有的地面站数据栏除显示上述数据外，还能够显示飞控电压、转速等。

（5）地图区

显示电子地图、航线、航点、飞行轨迹等信息。

（6）仪表区

模拟飞机驾驶舱内的仪表面板，显示无人机飞行的主要数据，如飞行高度、速度、俯仰角、滚转角等。

（7）控制区

控制区主要用来执行降落伞开伞、发动机停车、拍照、接收机开关、更改目标航点等操作（图4-14）。

图4-14　控制区

2. 地面站常用功能操作方法

（1）参数设置

在无人机进行航线飞行之前，首先需要对地面站的参数进行基本设置。

①高度：无人机每次起飞前需要输入飞控所在的高度值。

②空速：将空速管进口挡住，阻止气流进入空速管，点击清零按钮可以将空速计清零。

③安全设置：地面站中的基本安全设置主要包括爬升角度限制和开伞保护高度等可能影响飞行安全的参数。根据不同软件的设定，其他可能需要设置的安全参数还包括俯冲角度限制、滚转角度限制、电压报警、最低高度报警等。

（2）拍照

①拍照模式有两种：等时间间隔和等距离间隔。

②启动拍照的方式有两种：手动和自动。手动拍照时，只要点击地面站界面上相应的拍照控制按钮，自驾仪就会控制相机拍摄一张照片，手动拍照主要用于地面测试。自动拍照时，自动拍照的启动通常也有两种方式：一种是在任务窗口里点击"开始照相"，飞控将按照之前设置好的间隔自动控制相机拍照；另一种是选择任务航点照相功能，一旦飞机到达有照相设置的航点就会自动拍照。

③停止自动拍照：点击任务窗口中的"停止拍照"，系统会停止拍照。

（3）捕获

捕获功能主要用于捕捉各个舵机的关键位置，包括中立位、最大油门、最小油门、停车位等。

（4）地图操作

使用地图操作功能可以进行飞行任务的编辑、监视与实时修改。常用操作主要包括以下几种。

①建立地图：通常可以使用自己的电子地图文件或扫描地图。

②视图操作：可以对地图进行放大、缩小、平移等操作。

③测量距离：启用测距功能，使用鼠标点击测量相邻点间的距离和总距离。

④添加标志：在地图上需要添加标志的地方用鼠标直接操作就可以生成对应的标志对象。

（5）航线操作

①新增航点：如果是新生成航线，点击相应的"增加航点"按钮，从点下第一点开始，直到最后一点双击鼠标，可以自动按顺序生成一系列航点。

②编辑航点：如果当前地图上有规划好的航线，选择该功能之后就会弹出相应的"航线编辑"对话框。航点数据表中有对应航点的各项数据，可以用鼠标选择并手工输入修改航点的相应参数。对于输入项按"Enter"键后确认修改。

③删除航点：对于选中的航点，直接按"Delete"键可以删除航点，剩下的航点将会自动重新排序。

④上传下载航点：通常可以选择上传或下载单个或全部航点。

⑤自动生成航线：在地图上先随意生成一个起飞航点，选中这个航点；或者打开一个已经建立的航线，选中需要插入的航点。

鼠标右键选择"插入自动航线"，鼠标左键在地图上相应的位置画出第一条航线，会自动跳出一个"自动航线生成器"的对话框（图4-15）。

在对话框中可以手工

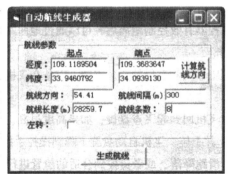

图4-15　自动航线生成器

设定起点和端点的经度、纬度、航线方向、航线间隔、航线长度和航线条数等数据。设定完毕后点击"生成航线",将会自动生成航拍航线。

(6)飞行记录与回放

①记录:运行软件后,选择"监视"功能,软件将打开串口并进入通信状态。

打开飞控后,飞控初始发送"遥测数据",软件一旦接收到数据,就会生成记录文件。接收的所有数据都会存入记录文件中。

②回放:运行软件后,选择菜单"回放"功能后,软件会跳出选择回放文件的窗口,选择需要回放的文件记录后进入回放状态。按下"回放"按钮可以开始回放飞行数据,按下"暂停"按钮可以暂停回放。

3. 地面站航线飞行操作流程

对于已经完成 PID 调整的飞机可以按照以下步骤来进行飞行操作。

①安装并连接地面站。

②安装机载设备,连接电源,连接空速管。

③飞机飞控开机工作 5~10min。由于飞控会受温度影响,所以当室内外温差比较大时,将飞机拿到室外之后,应先放置几分钟,以使其内部温度平衡。

④打开地面站软件,参照飞行前检查表,对各个项目逐一进行检查。主要检查项目包括陀螺零点、空速管、地面高度设置、遥控器拉距测试、航线设置、电压和 GPS 定位。

⑤起飞后,如果飞机没有进行过调整并记录过中立位置,那么则需利用遥控器微调进行飞行调整,调整到理想状态时,地面站捕获中立位置;如果已经进行过飞行调整,则在爬升到安全高度后,切入航线飞行。

⑥当飞机飞出遥控器有效控制距离后，可以通过地面站关闭接收机，以防止干扰或者同频遥控器的操作。

⑦在滑翔空速框中输入停车后的滑翔空速，以备在飞机发动机停车时能够及时按下"启动滑翔空速"。

⑧飞行完成后，飞机回到起飞点盘旋，如果高度过高，不利于观察，可以在地面站上降低起飞点高度，并上传。飞机自动盘旋下降到操控手能看清飞机的高度。

⑨遥控飞机进行滑跑降落，或者遥控到合适的位置开伞降落。

第五章　植保无人机检查与维护

第一节　飞行后检查

一、油量检查计算记录

1. 油位检查

（1）常见油箱

早期航空模型发动机大都自带简单油箱，给使用者带来很大方便。随着模型飞机种类的增加和无人机的发展，发动机自带油箱已不能满足要求，需要专门制作合适的油箱。常见的油箱有以下几种。

①简单油箱：简单油箱由容器、出油管、通气管及注油管组成（图5-1）。更为简单的是在容器的顶面钻两个孔，将塑料油管从一个孔插入到容器底部，就可以使用了。这种油箱是依据模型飞机机身的截面形状制作的，常用的形状有立方体、圆柱体和棱柱体等。油箱大多用金属薄板焊成，也可以用塑料瓶改制（图5-2）。

②特技油箱：这种油箱装有两根通气管，一根用于正常飞行，另一根用于倒飞，在倒飞时保证供油。模型飞机在地面加油时，倒飞通气管用作注油管。倒飞油箱一般为金属片焊成（图5-3）。

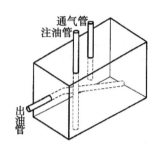

图 5-1　金属板焊制的简单油箱

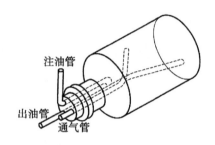

图 5-2　塑料瓶改制的简单油箱

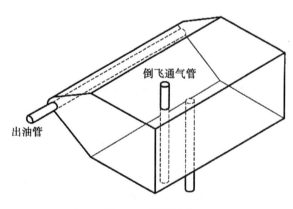

图 5-3　倒飞油箱

　　③压力油箱：将一定压力的气体充入压力油箱（图 5-4），即可向发动机加压供油。当充入气体的压力足够大时，便可缓解或消除油箱油量消耗前后的液位差对发动机工作稳定性的影响。压力供油的特点是油箱封闭。前面几种油箱在注满油后将注油口封闭，将通气口与压力气源相接，即可成为压力油箱，实现压力供油。

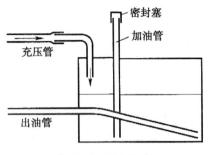

图 5-4　压力油箱

④等压油箱（图 5-5）：也称吸入式恒压油箱，是压力油箱的一种，其特点是出油管和充压管进入油箱的部分两管靠在一起伸向油箱后外方，且充气管略短于出油管。这样的结构在油箱内两管口附近构成了供油的"小油箱"，供油的液位差便在"小油箱"的尺寸范围之内；同时，又有充压管压力供油，供油液位差非常小，故称等压油箱。

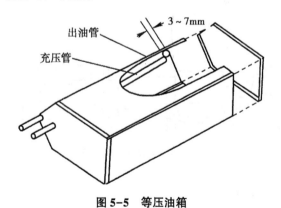

图 5-5　等压油箱

（2）油箱安装位置

①油箱应尽量靠近发动机，以减少无人机飞行姿态变化时油

箱液位的变化量（图5-6）。

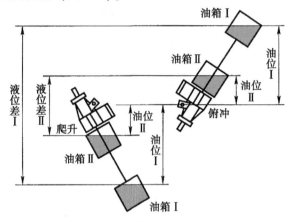

图5-6 油箱位置与液位差

②油箱装满混合油后的油面应与发动机汽化器喷油嘴或喷油管中心持平或稍低（图5-7）。

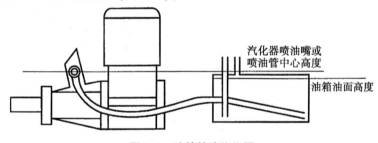

图5-7 油箱的液位位置

（3）油量读取

对于没有刻度的油箱，首先通过手摇泵、电泵或注射器把油箱内的油转入量杯内，通过读取量杯的示值来获得油量。对于有刻度的油箱，直接读取油箱上的刻度即可获得油箱中油量。

2. 油量计算

通过量杯或油量表获得剩余燃油油量后，用于计算飞行时间，试算公式如下。

无人机实际耗油量＝千克推力×耗油率×飞行小时

无人机飞行后油耗＝飞行前油箱油量－飞行后油箱油量

无人机每小时耗油量＝飞行后油耗/飞行时间

无人机可飞行时间＝飞行后油箱油量/每小时耗油量

【例题】　如果无人机飞行前油量为3kg，飞行了1h后，油箱内剩余油量为1kg，问无人机还能飞行多久？

无人机飞行后油耗＝飞行前油箱油量－飞行后油箱油量

$$=3kg-1kg=2kg$$

无人机每小时耗油量＝飞行后油耗/飞行时间

$$=2kg/1h=2kg/h$$

无人机可飞行时间＝飞行后油箱油量/每小时耗油量

$$=1kg/(2kg/h)=0.5h$$

所以无人机还能飞行0.5h。

二、电气、电子系统检查及记录

1. 无人机电源电压检查

(1) 无人机常用电池

无人机上的供电设备，除了专用电源外，蓄电池还广泛地用于无人机启动引擎和辅助动力装置，也为必要的航空电子控制设备提供支撑电源，为保障导航设备和飞行线路计算机做不间断电源，鉴于这些功能对执行飞行任务都非常重要，所以对无人机电源首要的要求是安全可靠，性能必须稳定耐久，能为无人机在各种应急环境下维持航行控制系统工作提供支持。目前应用在无人机上的电源主要有以下几种。

①锂电池：锂电池用于小型无人机电力发动机。

②蓄电池：当需要更大的功率时就从蓄电池里提取能量。

③太阳能电池：太阳能无人机是利用太阳光辐射能作为动力在高空连续飞行数周以上的无人驾驶飞行器，它利用太阳能电池将太阳能转化为电能，通过电动机驱动螺旋桨旋转产生飞行动力。白天，太阳能无人机依靠机体表面铺设的太阳能电池板将吸收的太阳光辐射能转换为电能，维持动力系统、航空电子设备和有效载荷的运行，同时对机载二次电源充电；夜间，太阳能无人机释放二次电源中储存的电能，维持整个系统的正常运行。

（2）蓄电池编号规则

蓄电池的型号都是按照一定标准来命名的，在国内市场上使用的蓄电池型号主要是按照国家标准以及日本标准、德国标准和美国标准等命名的，下面来介绍一下如何识别各类电池编号。

①国家标准蓄电池：以型号为 6-QAW-54a 的蓄电池为例，说明如下。

——6 表示由 6 个单格电池组成，每个单格电池电压为 2V，即额定电压为 12V。

——Q 表示蓄电池的用途，Q 为汽车启动用蓄电池、M 为摩托车用蓄电池、JC 为船舶用蓄电池、HK 为航空用蓄电池、D 表示电动车用蓄电池、F 表示阀控型蓄电池。

——A 和 W 表示蓄电池的类型，A 表示干荷型蓄电池，W 表示免维护型蓄电池，若不标表示普通型蓄电池。

——54 表示蓄电池的额定容量为 54Ah。充足电的蓄电池，在常温下，以 20h 进行（度量蓄电池放电快慢的参数）放电，蓄电池对外输出的电量。

——a 表示对原产品的第一次改进，名称后加 b 表示第二次改进，以此类推。

②日本 JIS 标准蓄电池：在 1979 年时，日本标准蓄电池型号用日本 Nippon 的 N 为代表，后面的数字是电池槽的大小，用接

近蓄电池额定容量的数字来表示，如 NS40ZL 说明如下。

——N 表示日本 JIS 标准。

——S 表示小型化，即实际容量比 40Ah 小，为 36Ah。

——Z 表示同一尺寸下具有较好启动放电性能，S 表示极柱端子比同容量蓄电池要粗，如 NS60SL（注：一般来说，蓄电池的正极和负极有不同的直径，以避免将蓄电池极性接反）。

——L 表示正极柱在左端，R 表示正极柱在右端，如 NS70R（注：从远离蓄电池极柱方向看）。

到 1982 年，日本标准蓄电池型号按照新标准来执行，如 38B20L（相当于原 NS40ZL）说明如下。

——38 表示蓄电池的性能参数。数字越大，表示蓄电池可以存储的电量就越多。

——B 表示蓄电池的宽度和高度代号。蓄电池的宽度和高度组合是由 8 个字母中的一个表示的（A 到 H），字符越接近 H，表示蓄电池的宽度和高度值越大。

——20 表示蓄电池的长度约为 20cm。

——L 表示正极端子的位置，从远离蓄电池极柱看过去，正极端子在右端的标 R，正极端子在左端的标 L。

③德国 DIN 标准蓄电池：以型号为 61017MF 的蓄电池为例，说明如下。

——开头 5 表示蓄电池额定容量在 100Ah 以下；开头 6 表示蓄电池额定容量在 100Ah 与 200Ah 之间；开头 7 表示蓄电池额定容量在 200Ah 以上。如 61017 MF 蓄电池额定容量为 110Ah。

——容量后两位数字 17 表示蓄电池尺寸组号。

——MF 表示免维护型。

④美国 BCI 标准蓄电池：以型号为 58430（12V、430A、80min）的蓄电池为例，说明如下：

——58 表示蓄电池尺寸组号。

——430 表示冷启动电流为 430A。

——80min 表示蓄电池储备容量为 80min。

如果说无人机上的油路如同人体内的血管，那么无人机上的电路就应该比作人体内的神经，给机体内的神经（无人机上的电路）提供动力的则是蓄电池。因此需要通过了解无人机蓄电池类别和型号，选择一款最为合适的电源。

（3）电源电压检查

对于无人机飞行后的电量检查，主要包括机载电源和遥控器电源电压和剩余电量的检查，其中机载电源包括点火电池、接收机电池、飞控电池和航机电池。

①根据蓄电池的标准读取编号并进行记录。

②拔下控制电源、驱动电源、机载任务电源等快接插头；将快捷便携式电压测试仪的快接插头连接到上述各个电源快接插座上；读取数字电压表数值；记录数字电压表数值，如果飞行前电压是 7V，飞行后电压是 6V，则说明电池运行正常，若飞行后电压是 4V，超出了蓄电池的正常工作电压，则说明电池已损坏，需及时更换。

2. 电子系统运行检查

无人机上装有自动驾驶仪、遥控装置等电子系统，无人机上电后，要观察各个电控装置运行是否正常，各指示灯显示是否正常。主要包括如下项目。

①检查绝缘导线标记及导线表面质量及颜色是否符合相关要求。

②用放大镜检查芯线有无氧化、锈蚀和镀锡不良现象，端头剥皮处是否整齐、有无划痕等。

③检查线路布设是否整齐、无缠绕，若有问题要详细记录。

④检查电池与机身之间是否固定连接，接收机、GPS、飞控等机载设备的天线安装是否稳固，接插件连接是否牢固。

三、机体检查及记录

1. 机体外观检查

（1）无人机机体结构及损伤

无人机机翼翼梁采用主梁和翼型隔板结构，受力蒙皮普遍设计成玻璃钢结构，玻璃钢材料的特点是韧性好，裂纹扩散较慢，出现裂纹后容易发现。

无人机机身采用框板结构，部分翼面的梁、少数加强肋多用木质材料制成，而且承受集中力。木质材料（层板）韧性大，断裂过程比较长，产生裂纹后较容易发现。

机身罩在周边上通过搭扣与第一框连接。第一舱设备支架在端部四个角上与四根机身梁前端的金属加强件用螺纹连接，与第一框之间为胶接加螺栓连接。第五框与机身板件之间胶接，与机身后梁金属接头用螺纹连接。

金属结构元件材料热处理状态的设定，零件形状等细节设计均遵循了有人飞机的设计准则。从材料及连接方式上看，飞机结构的抗疲劳性能较好，出现裂纹、脱胶时容易发现。

铆接结构的金属梁使用久了铆钉可能松动，腹板、缘条可能产生失稳、裂纹，或严重的锈蚀；机身壁板及机身大梁变形或产生裂纹；设备支架与大梁及框板的连接产生开胶；木质框板裂纹甚至折断，机身板件胶接面开胶。

（2）机体检查

检查前把机体水平放置于较平坦位置。

逐一检查机身、机翼、副翼、尾翼等有无损伤，修复过的地方应重点检查。

逐一检查舵机、连杆、舵角、固定螺钉等有无损伤、松动和变形。

检查重心位置是否正确，向上提伞带使无人机离地，模拟伞降，无人机落地姿态是否正确。

2. 部件连接情况检查

（1）各分部件检查

①弹射架的检查：采用弹射起飞的无人机系统，应检查弹射架（表5-1）。此处弹射架特指使用轨道滑车、橡皮筋的弹射机构。

表5-1　弹射架检查项目

检查项目	检查内容
稳固性	支架在地面的固定方式应因地制宜，有稳固措施，用手晃动测试其稳固性
倾斜性	前后倾斜度应符合设计要求，左右应保持水平
完好性	每节滑轨应紧固连接，托架和滑车应完好
润滑性	前后推动滑车进行测试，应顺滑；必要时应涂抹润滑油
牵引绳	与滑车连接应牢固，应完好、无老化
橡皮筋	应完好、无老化，注明已使用时间
弹射力	根据海拔高度、发动机动力，确定弹射力是否满足要求，必要时测试拉力
锁定机构	用手晃动无人机机体，测试锁定状态是否正常
解锁机构	应完好，向前推动滑车，检查解锁机构工作是否正常

②起落架部件的目视检查：不管是日常维护，还是定期检查，检查质量的高低直接影响无人机是否安全，检查质量高会杜绝许多安全隐患。检查中应当注意的事项如下。

严格按照工作单卡来进行检查，增强责任心，提高检查标准，做到眼到、手到。比如，在检查起落架的一些拉杆、支撑杆、支架等部件时，要用手推拉晃动结合检查。

因无人机在着陆过程中，起落架受到地面冲击载荷的作用，一些紧固件会松动或丢失，从而加速磨损和损坏。因此，在目视检查时一定要认真仔细，有些紧固件是由油漆封标志，检查时若发现错位，紧固件必然松动。

（2）部件连接检查

部件连接情况的检查主要是检查无人机机身、机翼、尾翼和起落架之间的连接是否松动，紧固是否牢靠。

①逐一检查机翼、尾翼与机身连接件的强度、限位是否正常，连接结构部分是否有损伤。

②检查螺旋桨是否有损伤，紧固螺栓是否拧紧，整流罩安装是否牢固。

③检查空速管安装是否牢固，胶管是否破损、无老化，连接处是否密闭。

④检查降落伞是否有损伤，主伞、引导伞叠放是否正确，伞带是否结实、无老化。

⑤检查伞舱的舱盖是否能正常弹起，伞舱四周是否光滑，伞带与机身连接是否牢固。

⑥检查外形是否完好，与机身连接是否牢固，机轮旋转是否正常。

四、机械系统检查及记录

1. 舵机的检查

舵机需要检查的位置有以下几处。

①舵机输出轴正反转之间不能有间隙，如果有间隙，用旋具拧紧其顶部的固定螺钉。

②舵机旋臂与连杆（钢丝）之间的连接间隙小于 0.2mm，即连杆钢丝直径与旋臂及舵机连杆上的孔径要相配。

③舵机旋臂、连杆、舵面旋臂之间的连接间隙也不能太小，以免影响其灵活性。

④舵面中位调整，尽量通过调节舵机旋臂与舵面旋臂之间连杆的长度，使遥控器微调旋钮中位、舵机旋臂中位与舵面中位对应，如有微小的舵面中位偏差，可通过遥控器上的微调旋钮将其调整到

中位。尽量使微调旋钮在中位附近，以便在现场临时进行调整。

2. 舵面的检查

①舵面经过飞行后是否有破损，破损程度小可以用膜材料和黏合剂修复，破损程度大的则需要更换。

②舵面骨架是否有损坏，如果损坏，建议更换。

③舵面与机身连接处转动是否灵活或脱离，有脱离的应用相应的材料进行连接。

五、发动机检查及记录

1. 发动机固定情况的检查

以活塞式无人机发动机为例，很多以凸耳或凸缘用螺钉与无人机机架连接并紧固。凸耳安装在机匣两侧，对称布置。用 4 颗螺钉，每侧 2 颗，将发动机紧固于平行外伸机架上（图 5-8）。

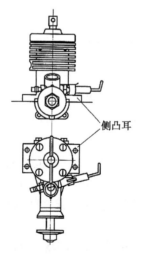

侧凸耳

图 5-8　发动机紧固

固定发动机的螺钉常用圆柱头螺钉和半圆头螺钉，最好用圆柱头螺钉，也可用一字槽圆柱头或内六角圆柱头螺钉。发动机带有消声器及螺钉直径较大时，最好用内六角圆柱头螺钉。

2. 螺旋桨固定情况的检查

对于所有类型的螺旋桨，在飞行前都要对螺旋桨桨毂附近进行滑油和油脂的泄漏检查，并检查整流罩以确保安全。整流罩是一个典型的非运转部件，但必须安装到位，以产生适当的冷却气流。还要检查桨叶过量的松动（但要注意有些松动被称为桨叶微动，属于设计中固有的），无论何时在螺旋桨及其附近工作，要避免进入螺旋桨旋转的弧形区域内。

3. 发动机的检查

①进行直观检查，了解这台发动机的型号和以往使用、存放情况，新旧程度和主要问题。

②检查发动机的清洁程度，对于发动机来说，清洁是非常重要的。哪怕只是极少的脏物或沙土进入发动机内部，运转后都会引起发动机的严重磨损。检查时，应从排气口和进气口等地方着手；发动机的外部也应保持干净，因为粘在外面的脏物很容易掉入发动机内部，一定要加以擦拭和清洗，去除油污、脏物或沙土。

③检查有无零件缺少和损坏，根据发动机说明书或前面介绍的内容进行检查。发现缺少或损坏，应设法配齐、调换或修理。容易短缺的零件有桨帽、桨垫、油针和调压杆等。容易损坏的部位包括油针（针尖弯曲、油针和油针体脱焊松动等）、各处螺纹配合（松动或滑牙）和缸体与活塞的配合（漏气）等。

④检查各个零件装得是否正确与牢固，容易装错的地方是喷油管上的喷油孔方向。如喷油管上只有一个喷油孔，此孔应对向曲轴，不能对着进气气流（这会使油喷不出来）；有的喷油管上有两个喷油孔，应使这两个孔都正对进气管管壁。如转动曲轴而活塞不动，这往往是连杆下端没有套上曲柄销或是连杆折断等原

因引起的，此时应拧下机匣后盖进行检查。容易拧得不牢或不紧的地方是汽缸或汽缸头和机匣的连接，以及机匣后盖和机匣的连接。

第二节　飞行后维护

一、电气维护

1. 无人机电源的更换

无人机上电源电量不足时，需要把耗完电的电池组从电池仓中拆卸下来，将已充好电的电源安装上去。

2. 无人机电源的充电

将拆卸下来的电源连接充电器，充电指示灯正常，按规定时间充好电后，拔下充电器，将充好电的电池放到规定位置备用。

3. 电气线路的检测与更换

①检查连接插头是否松动。

②更换破损老化的线路。

③使用酒精擦拭污物，防止引起短路。

④对焊点松脱处进行补焊。

二、机体维护

1. 机体的清洁保养

无人机腐蚀的控制和防护是一项系统工程，其过程包括两个方面：补救性控制和预防性控制。补救性控制是指发现腐蚀后再设法消除它，这是一种被动的方法。预防性控制是指预先采取必要的措施防止或延缓腐蚀损伤扩展防止失效的进程，尽量减小腐蚀损伤对飞行安全的威胁。腐蚀的预防性控制又分设计阶段、无人机制造阶段和使用维护阶段。因此，无人机腐蚀的预防性维护也是保持无人机的安全性和耐久性的一项重要任务。下面主要介绍预防无人机腐蚀的外场维护方法。

（1）定期冲洗无人机表面的污染物

无人机在使用过程中不可避免地会积留沙尘、金属碎屑以及其他腐蚀性介质。由于这些物质会吸收湿气，加重局部环境腐蚀，因此，必须清除污物，定期清洗无人机，保持无人机表面洁净。定期冲洗去除无人机表面的污染物，是一种简便的、有效的防腐蚀措施。

①无人机机体的冲洗。冲洗不仅美化了无人机形象，而且也减少产生腐蚀的外因。冲洗能去除堆集在无人机表面上的腐蚀性污染物（如无人机飞行期间所接触到的废气、废水、盐水及污染性尘埃等），从而减缓了腐蚀。

无人机的冲洗，要遵循以下原则。

a. 冲洗无人机所用的清洗剂为维护手册所指定，应是对漆膜不会带来有害影响的水基乳化碱性清洗剂、溶剂型清洗剂。要严格掌握使用浓度，使用不合适的或配制不当的清洗剂，会产生新的腐蚀。

b. 用清水彻底清洗无人机表面和废气通道的内部区域。若气温在0℃以下不能用水清洗，应使用无水、清洁的溶剂清洗表面，然后用清洁的布擦干。

c. 在气候炎热时，应尽可能在阴凉通风的地方清洗无人机，以减少机体表面裂纹的出现。

d. 在冲洗过程中，会冲洗掉部分的润滑油、机油、密封剂和腐蚀抑制化合物，同时高压软管有可能将冲洗液冲进缝隙和搭接处从而带来新的问题。因此，无人机冲洗后应重新加润滑油。重新加、涂的周期将受冲洗次数和清洗液的清洗强度影响。要十分注意彻底清洗和干燥缝隙处及搭接处。

e. 冲洗次数要适度，不是"多多益善"。无人机的冲洗周期由飞行环境和无人机被污染的程度决定。

②酸、碱的清除。酸、碱在电池组仓内（充电和维护过程）产生，来自于日常维护工作中广泛使用的酸性、碱性、腐蚀产物去除剂和无人机清洗剂等。

a. 酸的清除。金属表面的褪色及金属表面呈白色、黄色、褐色等迹象（不同的酸溢到不同金属表面上，沉积色不同），表明可能受到酸侵蚀并应立即调查落实，可采用20%小苏打溶液中和。

b. 碱的清除。可采用5%醋酸溶液或全浓度食醋，用刷子或抹布涂敷在碱外溢区以中和碱的作用。

【注意事项】

①对接缝和搭接处要倍加注意。

②若酸、碱已侵蚀到接缝和搭接处，应施用压力冲洗。

③清洗并干燥外溢区域后，涂敷缓蚀剂。

（2）加强润滑

接头摩擦表面、轴承和操纵钢丝的正常润滑十分重要，在高压冲洗或蒸汽冲洗后的再润滑也不容忽视。润滑剂除了能有效防止或减缓功能接头和摩擦表面的磨蚀外，对静态接头的缝隙腐蚀的防止或减缓作用也很大。对静态接头在安装时使用带缓蚀剂的润滑脂包封。

（3）保持无人机表面光洁

无人机表面的光洁与否，将直接影响到机件的腐蚀速率。表面如果粗糙不平，与空气接触面积将会增大，也会加大尘埃、腐蚀性介质和其他脏物在表面的吸附，从而促进腐蚀的加快。

2. 机翼、尾翼的更换

机翼、尾翼与机身连接件的强度、限位不正常，连接结构部分有损伤时，需要对机翼、尾翼进行更换。更换步骤如下。

①将机身放置于平整地面，拧下尾翼螺钉，卸下已经磨损的

尾翼、尾翼插管及定位销。

②安装新的尾翼插管及定位销，安装尾翼并固定尾翼螺钉。

③将与机翼连接的副翼线缆及空速管断开。

④拧下机翼固定螺钉，卸下已经损害的机翼及中插管。

⑤安装完好的中插管及机翼，固定机翼螺钉。

⑥连接空速管及副翼舵机。

3. 起落架的更换

因无人机在着陆过程中，起落架受到地面冲击载荷的作用，一些紧固件会松动或丢失，从而加速磨损和损坏。除此之外，因起落架起落次数多，或者装载质量重，也会使部件产生疲劳裂纹，或使裂纹扩展。起落架损坏过于严重时，需要对其进行更换。修整或更换起落架的步骤如下。

①松开起落架与机身底部的螺钉。

②取下起落架。

③修整起落架或更换新的起落架。

④更换已经磨损的轮子。

⑤将修好或新的起落架重新用螺钉固定到机身底部。

三、发动机维护

1. 发动机的拆装

①应准备好工具。此外还要有一个盛放拆卸下来的零件及螺钉的盒子，防止碰坏或丢失。

②将无人机机身固定，用相关工具卸下连接发动机和无人机机体的螺钉，并将螺钉、螺帽、垫片等放于盛放零件的盒子内。

③螺钉都拆卸完后，把发动机从无人机机身中拿出，放于平坦处。

④发动机完成维护保养后，将发动机安装回原位。

2. 螺旋桨的更换

将螺旋桨装在发动机输出轴前部的两个垫片间，转动曲轴使活塞向上运动并开始压缩，同时将螺旋桨转到水平方向，然后用扳手（不能用平口钳）拧紧桨帽，并把螺旋桨固定在水平方向上。经验证明，螺旋桨固定在水平方向，有利于拨桨启动；当无人机在空中停车后，活塞被汽缸中气体"顶住"不能上升，螺旋桨也就停止在水平位置上，这就大大减少了模型下滑着陆时折断螺旋桨的可能性。因此，要养成在活塞刚开始压缩时将螺旋桨装在水平方向的习惯。注意不要将螺旋桨装反了。桨叶切面呈平凸形，应将凸的一面靠向前方。

第六章　植保无人机购置与
飞防服务

第一节　植保无人机购置

一、植保无人机购买合同

植保无人机购买合同主要包含支付金额、交货日期地址、验收标准、保修、培训、违约责任等条款。植保无人机购买合同样本如下，供参考。

植保无人机购买合同

甲方：＿＿＿＿＿＿＿＿＿＿＿＿

乙方：＿＿＿＿＿＿＿＿＿＿＿＿

根据《中华人民共和国合同法》有关规定，本着平等自愿、互惠互利的原则，经甲乙双方友好协商，就甲方向乙方购买植保无人机，制定并签订本合同。

第一条　支付金额

甲方从乙方处购置植保无人机＿＿＿架，价格为＿＿＿（大写：＿＿＿＿＿＿）元/架，试用期3个月（试用期以签订合同日期为起始时间），试用期内植保无人机的操作手必须是经乙方培训合格的人员，试用期满后3个工作日内，甲方应按合同价一次性全额将购机款支付给乙方。

第二条　交货日期及地址

1. 交货日期（暂定）：＿＿＿＿＿＿＿＿

2. 送货地址：＿＿＿＿＿＿＿＿＿＿＿＿

后期交货日期及地址如有变化，需另行签订附件进行说明，并将附件附于正式合同之后。

第三条　验收标准

植保无人机送达甲方指定地点后，甲方需派人接货，并根据合同内附的配置清单，对实物的数量和型号进行核对，并检查整机在运输过程中有无破损，如有问题需在收货后3小时内与乙方沟通，说明情况，乙方确认核实后，甲方如需更换整机或配件，乙方须及时配合。

第四条　甲方义务

1. 甲方在使用植保无人机期间，如需要任何其他配件均由甲方自行购置或由乙方代购。

2. 甲方在保修期内，如因人为造成无人机各配件损坏，甲方需自行处理或由乙方提供有偿服务。

第五条　乙方义务

1. 乙方根据甲方购机数量，向甲方提供无人机操作培训，培训费为＿＿＿＿＿元/人，理论和实际操作共计＿＿＿＿＿个工作日，试用期满后，待甲方支付购机款时，应一并支付相应的培训费用。

2. 乙方在保修期内，无人机如有任何非人为损坏的质量问题，乙方均应免费提供技术服务或更换配件。

第六条　违约责任

甲乙双方自签订合同后，均应按合同要求履行义务，如期间甲方或乙方不按合同约定执行，因此造成的一切后果均由违约方承担。

第七条　合同份数

本合同一式两份，甲乙双方各执一份，本合同自双方盖章之日起生效。

甲方（公章）：　　　　乙方（公章）：

法定代表人：　　　　　法定代表人：

代理人：　　　　　　　代理人：

日期：　　　　　　　　日期：

二、植保无人机交付验收

为确保交付的产品质量合格，买卖双方必须共同对植保无人机进行验收并填写交机验收单。

三、植保无人机售后服务

1. 质保期内的保修责任

（1）质保期内销售方的责任

若产品在使用过程中出现任何问题，用户应及时与销售方取得联系。在质保期内，销售方对所有已售出产品及其部件提供无偿的保养、修复、更换服务。

（2）产品保修范围

植保无人机产品及其相关配件。

（3）保修细则

示例参见表7-1。

表7-1　植保无人机保修细则示例

产品类别	产品型号	保修时间	维修方法	说明
无人机机身	YM-6160	1年	寄送或上门服务	修复或更换
地面飞控装置	DA-07（或同级别飞控装置）	1年	寄送或上门服务	修复或更换

（续表）

产品类别	产品型号	保修时间	维修方法	说明
喷洒系统	隔膜泵/压力泵/离心喷头	1 年	寄送或上门服务	修复或更换
任务载荷配件	10kg 药桶	1 年	寄送或上门服务	修复或更换

（4）维修响应时间

根据损坏部件及损坏情况，易损件维修时间在 3 个工作日之内；系统故障由售后部门进行维修评估，一般损坏维修时间在 5 个工作日之内；特殊损坏根据维修来评估时间。

2. 质保期内卖方不承担责任的情况

售后承诺不适用于下列情况。

①产品整机或部件已经超出保修期。

②外部设备、非在销售方工厂装入、附加的第三方产品或零部件及根据用户要求装入、附加的产品或零部件。

③未按说明书要求，错误或不当使用、保管、保养或操作产品造成的故障或损坏（如人为违规操作等）。

④非产品所规定的工作环境等造成的故障或损坏（如温度过高、过低，空气过于潮湿或干燥，海拔过高，非正常的物理压力，电磁干扰，其他极端环境等）。

⑤由非销售方授权机构、人员安装、修理、更改、添加或拆卸而造成的故障或损坏。

⑥因使用非出厂时提供的部件导致的故障或损坏。

⑦因使用其他非合法授权软件、非标准或未公开发行的软件造成的故障或损坏。

⑧因意外因素或人为原因（包括计算机病毒、操作失误、进液、腐蚀、划伤、搬运、磕碰、异物掉入、鼠害、虫害等）导致的故障或损坏。

⑨因自然灾害等不可抗力（如地震、火灾、雷击等）造成的故障或损坏。

⑩正常合理的消耗或损坏以及由此引发的损害（如外壳、线路、接插部件、电子元件等的自然消耗、磨损及老化等）。

3. 质保期外的服务办法

对于质保期限外的产品，如需销售方提供维修保养服务，则需按实际情况支付相关零部件及人工费用。

4. 保修服务条件及期限

（1）服务凭证

买方务必妥善保管购买产品时内附的"产品保修卡"，并在需要服务时提供。

（2）免费服务期限

注意产品提供合同期限内规定的无偿质保服务，并将依据以下条件判定所提供的质保服务有效期限。

①买方与销售方的合同约定日期。

②销售方产品的发货日期。

第二节　植保无人机飞防服务

一、植保无人机飞防服务协议参考样本

植保无人机飞防服务协议主要包括作业面积、服务时间、服务方（甲方）责任和义务、被服务方（乙方）责任和义务、服务费支付方式、违约责任等。植保无人机统防统治服务协议样本如下，供参考。

植保无人机统防统治服务协议

甲方：_____

乙方：_____

为做好乙方小麦、水稻的病虫害专业化统防统治工作，确保粮食的生产安全、质量安全和生态环境安全，实现稳产增产增收的目标，经甲乙双方友好协商，签订_____年度小麦、水稻病虫害专业化统防统治合同，双方共同遵照执行。

一、作业面积

1. 乙方种植的小麦、水稻，由甲方进行病虫害专业化统防统治。

2. 乙方小麦种植面积共_____亩，水稻种植面积共_____亩（以实测数据为准）。

二、服务时间

自本合同签订之日起至乙方作物收割前；签订时间：_____年_____月_____日。

三、甲方责任

1. 甲方是在相关管理部门注册，拥有专业的技术和手段，从事农作物病虫害防治的合法组织，甲方的防治过程和效果直接受到农业部门的指导和监督；针对农作物病虫害使用的药物具有国家登记证。

2. 甲方负责提供农药、防治技术配方并组织对乙方以上签约面积内小麦的赤霉病、条锈病、穗期蚜虫，水稻的大螟、二化螟、三化螟、稻纵卷叶螟、稻飞虱、稻蓟马、纹枯病、稻曲病和稻瘟病等病虫害进行统一防治（不含除草）。

四、服务费的支付

1. 本次统防统治服务费总金额_____元（大写：_____）。

2. 本费用结构仅限于甲乙双方约定的服务内容；如乙方要求扩大服务范围，或因乙方改变已经议定的项目内容导致甲方需重复进行项目步骤，甲方将需要重新评估上述费用结构。

3. 甲乙双方同意服务费按阶段支付；小麦统防统治价格_____元/亩，水稻统防统治价格_____元/亩。

4. 协议一经签订，乙方需先支付总费用30%的预付服务费，共计_____元。

5. 小麦服务结束后乙方再支付_____元，甲方进行水稻喷防作业；所有服务完成后一次性结清余款_____元，此时视为协议履行完成。

五、特别说明

1. 病虫害专业化统防统治本着"高效、安全、环保"的原则，尽可能选用效果好、持效期长、对天敌杀伤力小、对环境友好的优质农药，在有效控制病虫危害的前提下，尽量控制农药使用次数和用量，减少稻米农药残留和环境污染。因此统防统治区的施药次数、施药品种等会与其他大面积稻田不同，病虫害专业化统防统治并不能使稻田没有病虫发生，而是尽可能将病虫危害控制在一定范围之内。

2. 以下情况，不在乙方的统防统治工作范畴之内：与浸种、种子包衣及秧田期防治质量密切相关的病虫害，如小麦散黑穗病、秆黑粉病、叶枯病等，水稻条纹叶枯病、黑条矮缩病、干尖线虫病、恶苗病等；检疫性的病虫害和当前无法有效控制的毁灭性病虫害；赤枯病、青枯死苗、倒伏等非病虫害；施肥、雨水、干旱、污染、低温等人为或不可抗拒的因素。

3. 若小麦喷防结束后乙方未能及时支付中间款费用，甲方有权不履行剩余的水稻喷防服务，所有责任归咎于乙方。

六、乙方责任

1. 做好前期的稻苗生长管理工作。

2. 如实申报被服务的具体田块和实际面积，并已对相关田块农作物缴纳相关农业保险。

3. 乙方的水肥管理措施必须科学，并合理控制分蘖，分蘖过多和过度施肥会导致病虫害发生趋重。

4. 按照甲方要求及时反馈病虫害发生和施药防治后的信息，以便甲方及时处置问题；如乙方要求增施叶面肥等，乙方自付费用。

七、附则

1. 甲乙双方约定，在今年服务田块取得预期效果的基础上，乙方将选择甲方作为今后小麦水稻病虫害专业统防统治工作的优先实施者。

2. 合同实施或与合同有关的一切争端应通过双方友好协商解决。如果友好协商不能解决，可向甲方所在地人民法院起诉。

3. 本合同一式两份，由甲乙双方签字盖章后生效，双方各执一份；传真件、扫描件及复印件具有同等法律效力。

4. 甲乙双方的其他约定应以书面形式签字盖章，并作为本合同附件具备同等法律效力。

甲方（签章）：＿＿＿＿＿＿＿　　乙方（签章）：＿＿＿＿＿＿＿

日　　期：＿＿＿＿＿＿＿＿　　日　　期：＿＿＿＿＿＿＿＿

二、植保无人机飞防服务实施流程

1. 确定防治任务

在展开飞防服务前，首先需要确定防治农作物的类型、作业面积、地形、病虫害情况、防治周期、使用药剂类型以及是否有其他特殊要求。具体来讲，就是确定农田中的不适宜作业区域（障碍物过多可能会有事故隐患）、与农户沟通、掌握农田病虫害情况报告，以及确定防治任务是采用飞防队携带药剂还是用农户自己的药剂。如果自带药剂，需要搞清楚常用药方。农户药剂一般自主采购或者由地方植保站等机构提供，药剂种类较杂且有大量的粉剂类农药。由于粉剂类农药需要大量的水进行稀释，而植保无人机要比人工节省90%的水量，所以不能够完全稀释粉剂，容易造成植保无人机喷洒系统堵塞，影响作业效率及防治效果。因此，需要和农户提前沟通，让其购买非粉剂农药，如水剂、悬浮剂、乳油等。

2. 确定作业的飞防队伍人员和装备

确定防治任务后，就需要根据农作物类型、面积、地形、病虫害情况、防治周期和单台植保无人机的作业效率，来确定飞防人员、植保无人机数量以及运输车辆。一般农作物都有一定的防治周期，在这个周期内如果没有及时将任务完成，就达不到预期的防治效果。对于飞防服务队伍而言，首先应该做到保证防治效果，其次才是如何提升效率。

假设防治任务为水稻2 500亩，地形适中，病虫期在5天左右，植保无人机保守估计日作业面积为300亩，共1 500亩，需要出动两台植保无人机。一台植保无人机作业最少需要一名飞手（操作手）和一名助手（地勤），所以需要2名飞手与2名助手。一台中型面包车可搭载4名人员和2~3架植保无人机。考虑到病虫害的时效性及无人机在农田相对恶劣的环境下可能会遇到突发问题等因素，飞防作业一般可采取"2飞1备"（即2台植保无人机作业、1台备用）的原则，以保障防治效率。

3. 气象信息及相关物资准备

进行植保飞防作业前，第一应查知作业地方近几日的气象信息（气温及是否有伴随大风或者雨水），提前确定气象数据，方便确定飞防作业时间及相关安排。第二是电源动力准备，电动多旋翼需要充足的动力电池、相关的充电器，当地作业地点不方便充电时可能要随车携带发电设备。第三是相关配套设施，如农药配比和运输需要的药壶或水桶、飞手和助手协调沟通的对讲机，以及相关作业防护用品（眼镜、口罩、工作服、遮阳帽等）。如果防治任务是包工包药的方式，就需要飞防团队核对药剂类型与需要防治作物病虫害是否符合，数量是否正确。一切准备就绪，天气适中，近期无雨水或者伴随大风（一般超过 3 级风将会使农药产生大的飘逸），即可前往目的地开始飞防任务。

4. 飞防作业

飞防团队应提前到达作业地块，熟悉地形，检查飞行航线路径有无障碍物，确定飞机起降点及作业航线基本规划。随后进行农药配置，一般需根据植保无人机作业量提前配置半天到一天所需药量；进行植保无人机起飞前检查，相关设施测试确定（如对讲机频率、喷洒流量等）。然后报点员就位，飞手操控植保无人机进行喷洒服务。

在保证作业效果效率（如航线直线度、横移宽度、飞行高度、是否漏喷重喷）的同时，飞机与人或障碍物的安全距离也非常重要。任何飞行器的突发事故对人都有较高的危险性，作业过程必须时刻远离人群，助手及相关人员要及时疏散作业区域人群，保证飞防作业安全。

用药时应使用高效低毒且检测无残留的生物农药，以避免在喷洒过程中对周围的动植物产生不良影响、纠纷和经济赔偿。气温高于 35℃时，应停止施药，高温对药效有一定影响。

一天作业任务完毕，应记录作业结束点，方便第二天继续从前一天作业田块位置开始进行喷洒。还要清洗保养飞机、对植保无人机系统进行检查，检查各项物资消耗（农药、汽油、电池等），记录当天作业亩数和飞行架次，核对当日用药量与总作业亩数是否吻合等，从而为第二天作业做好准备。

三、水稻病虫害专业化统防统治合同参考样本

水稻病虫害专业化统防统治合同

甲方：＿＿＿＿＿＿＿＿＿＿＿＿＿＿＿＿＿＿＿＿

[＿＿＿＿＿＿区＿＿＿＿＿＿镇（街道）＿＿＿＿＿村（社区）＿＿＿＿＿组]

乙方：＿＿＿＿＿＿＿＿＿＿＿＿＿＿＿＿（服务组织）

为做好甲方水稻的病虫害专业化统防统治工作，确保甲方粮食的生产安全、质量安全和生态环境安全，实现稳产增产的目标，经甲乙双方友好协商，制定本年度水稻病虫害专业化统防统治合同，以资共同遵照执行。

一、服务内容

甲方下述种植的水稻由乙方进行病虫害专业化统防统治，其具体内容如下：

具体田块名称	水稻品种	面积/亩	服务费/（元/亩）	金额/元
合计				
总计金额	大写：＿＿＿＿＿＿＿＿＿＿（￥： ）			

注：1. 甲方种植的水稻品种为当地农业部门推荐的适宜种植的品种。

2. 以上田块面积均为实际面积，不以计税面积为准。

3. 根据甲方的田块位置条件，乙方可选用合适的防治机械进行作业，如自走式植保机、遥控无人植保机、高效率担架机等。

4. 采用遥控无人植保机防治的田块如遇不利于飞行的天气状况，由甲方就地组织人员防治，用工费用由乙方承担（金额根据当地实际情况双方议定）。

5. 防治方式：①乙方组织人员自带机械进行喷洒；②乙方临时租用甲方已有的机械进行喷洒，甲方协助组织作业人员。具体防治方式由甲乙双方协商决定。

二、服务期间

从移栽成活（或直播田两叶一心）后至成熟（齐穗后40天）。

三、乙方责任

乙方是在相关管理部门注册、拥有专业的技术和手段从事农作物病虫害防治的合法组织，乙方的防治过程和效果直接受到农业部门的指导和监督。

乙方负责田间病虫害调查、制订防治方案、提供配套药剂，并组织对甲方以上签约面积内水稻的大螟、二化螟、三化螟、稻纵卷叶螟、稻飞虱、稻蓟马等虫害以及纹枯病、稻曲病和稻瘟病进行统一防治（不含除草）。

四、因防治方案不当造成的损失赔偿标准

见附件。

五、责任免除

以下原因造成的损失，乙方不承担责任。

1. 检疫性的病虫害和当前无法有效控制的毁灭性病虫害。

2. 水稻赤枯病、青枯死苗、倒伏等非病虫害原因造成的损失。

3. 因种子处理工作没有做好，造成系统性侵染的病害（如恶苗病）发生带来的损失。

4. 因施肥、雨水、干旱、污染、高温热害、低温等人为不可抗拒的因素造成的损失。

5. 由甲方自行组织喷洒时，乙方在甲方实施区域设立样板田作为喷洒质量的标准，如样板田符合防治标准，而自行喷洒达不到防治标准的。

6. 甲方的水肥管理措施必须科学，合理控制分蘖，水管理不好和过度密植，过度施肥会导致病虫害发生趋重，以及抽穗期不一致导致防治不达标。

7. 甲方在同一块田进行不同品种混播混插，导致生育期不一致、防治适期难以兼顾而引起的损失。

8. 因甲方工作配合不力或其他人力不可抗拒的自然灾害（参照农业保险所列自然灾害条款，下同）所造成的病虫害损失，如在防治适期连续阴雨无法施药。

六、甲方责任

1. 如实申报被服务的具体田块和实际面积及种植品种，并在病虫害专业化统防统治工作开始前签订合同并按约定交纳服务费。

2. 做好前期的育秧及稻苗生长管理工作。

3. 按照乙方要求及时反馈病虫害发生和施药防治后的信息，以便乙方及时处置问题。

七、赔偿约定

1. 为切实履行双方承诺，因病虫害专业化统防统治工作失误而导致甲方水稻防效不达标而造成的损失，经当地植保站认定或双方协商一致后，由乙方按赔偿标准进行赔偿。

2. 甲方农作物面积如有变化，双方应补签协议，如有纠纷，双方应友好协商解决，协商不成的，由当地植保站裁定。

3. 如果甲方的实际种植品种与合同不符，造成乙方防治方案不当使防治效果不达标而造成的损失由甲方负责承担；鉴于乙方在防治过程中是依据合同约定稻田面积而计量用药，如甲方合同面积与实际不一致，将可能导致整体防治效果不达标，由此造成的损失由甲方承担。

4. 气候性流传病害：防治难度大，甲乙双方需通力合作做好预防工作。甲方须认真做好水肥管理等农业措施。乙方须按照当地植保部门的要求，使用针对有效的产品，积极预防（尤其是穗颈瘟）。防治效果以周边同品种、同类型的田块为参照标准，防效不低于本地区平均防效。

5. 暴发性两迁害虫：防治效果以周边同品种、同类型田块为参照标准，防效不低于本地区平均防效，因此造成的成本上涨由双方协商解决。

6. 甲方为控制生产经营风险，田块必须投保，因自然灾害造成的损失，甲方申请农业保险赔付，乙方对此不承担赔偿责任。

八、特别说明

1. 病虫害专业化统防统治本着"高效、安全、环保"原则，尽可能选用效果好、持效期长、对天敌杀伤力小、对环境友好的优质农药，在有效控制病虫危害的前提下，尽量控制农药使用次数和用量，减少稻米农药残留和环境污染。因此统防统治区的施药次数、施药品种等会与其他大面积稻田不同，同时统防统治不是见虫就打、见病就治，而是当病虫害达到了防治指标，并根据病虫害的发生规律和为害趋势而统筹采取的科学高效防治措施。甲方不干涉乙方的防治时间、防治方案及防治次数。

2. 病虫害专业化统防统治并不能使稻田没有病虫害发生，而是将病虫为害控制在允许范围之内。

3. 对于与种子质量、浸种、种子包衣及育秧管理等密切相关的病虫害（如水稻条纹叶枯病、南方黑条矮缩病、细菌性条斑病、细菌性基腐病、秧田苗瘟、干尖线虫病、恶苗病等），因乙方承担的专业化统防统治服务只限于水稻本田，故不承担这些病虫害造成的产量损失赔偿责任，但乙方会力所能及地指导甲方采取相应措施进行育秧期间的病虫害防控工作。

九、合同期限

本合同有效期限是指自合同签订之日起至该季水稻成熟（齐穗后40天）。

十、费用收取

合同费用收取约定：_____。

十一、其他

其他未尽事宜，双方应补签协议解决，以强化合同法律法规的严肃性。

本合同一式四份，甲乙双方各执一份，送报当地植保站和街道农业服务中心各一份。

甲方：　　　　　　　乙方：

签字：　　　　　　　签字：

日期：　年　月　日 日期：　年　月　日

附件：因防治方案不当造成的损失赔偿标准（略）

参考文献

关成宏，2010. 绿色农业植保技术［M］. 北京：中国农业出版社.

何雄奎，2006. 农业机械化［M］. 北京：中国农业出版社.

何雄奎，2012. 药械与施药技术［M］. 北京：中国农业大学出版社.

何勇，2017. 农用无人机技术［M］. 北京：科学出版社.

全国农业技术推广服务中心，2015. 植保机械与施药技术应用指南［M］. 北京：中国农业出版社.

孙毅，2014. 无人机驾驶员航空知识手册［M］. 北京：中国民航出版社.

宇辰网，2017. 无人机［M］. 北京：机械工业出版社.